女人就应该这么幸福

辉浩◎著

中国商业出版社

图书在版编目(CIP)数据

女人就应该这么幸福/辉浩著.—北京:中国商业出版社,2016.9(2019.10重印)
ISBN 978-7-5044-9291-3

Ⅰ.①女… Ⅱ.①辉… Ⅲ.①女性—幸福—通俗读物 Ⅳ.①B82-49

中国版本图书馆 CIP 数据核字(2016)第 021118 号

责任编辑　姜丽君

中国商业出版社出版发行
010-63180647　www.c-cbook.com
(100053　北京广安门内报国寺 1 号)
新华书店总经销
三河市宏顺兴印刷有限公司
﹡　﹡　﹡　﹡
880×1230 毫米　32 开　6 印张　112 千字
2016 年 10 月第 1 版　2019 年 10 月第 2 次印刷
定价:35.00 元
﹡　﹡　﹡　﹡
(如有印装质量问题可更换)

序　言
女人该如何幸福

女人，多么美丽的一词、多么令人喜欢的一个群体。有人曾说："这个世界，因为有了女人，才更加得精彩。"不管是男人还是女人自己本身，都和女人有着千丝万缕的联系，女人的一笑一颦、一喜一怒影响着大千世界中的芸芸众生，可以这么说，女人如果不幸福了，那么全世界都不幸福。

因此，女人要懂得如何让自己幸福，该如何去幸福。

丁洁是一个独立自主的女孩，不管在生活中还是工作中，遇到什么解不开的心结，有什么不开心的事情，她都会一个人出去旅行一次。

有一次，部门里进行了一次人事调动，丁洁原本以为这次升迁的机会会很大，因为在部门几个女同事之间，属丁洁最出色，能力也最强，每个月的业绩也是最好的。丁洁心里暗暗自喜，想升迁了之后，该怎么好好地庆祝一番。可是，当最终的升迁名单宣布时，却没有丁洁的名字，反而是部门刚来不久的小莉。

丁洁非常想不通，后来才知道小莉原来是部门经理的侄女，无奈之下，为了排遣自己的郁闷，丁洁向公司请了一个星期的假，去了一趟海南。在海南，丁洁看着一望无际的大海，吹着凉爽的海风，心里的淤塞顿时化为了乌有。大海的博大胸怀让丁洁认为只要努力工作，自己一定会升迁的，不能因为一次的人事调动而灰心丧气，失去对未来的信心。

回来后，丁洁更加努力地工作，并且对待同事更加地友善。半年后，果然丁洁因为出色的工作能力，被提升为了部门主任。

还有一次，和丁洁谈了三年的男朋友提出要和她分手，这突如其来的打击让丁洁很受不了。因为丁洁不仅很爱自己的男朋友，而且还不止一次畅想穿上婚纱，过上幸福的生活。但当丁洁得知男朋友心里有了别的女人，不再爱她了。丁洁想一个男人即便留住他的人，也留不住他的心，于是果断地答应分手。分手两天，两个人一起吃了一顿最后的晚餐，从此由彼此相爱的两个人变成了天涯陌路。

这次打击严重影响了丁洁的状态，甚至还影响了她的工作。为了走出失恋的阴影，丁洁去了一趟云南。云南的秀美风光和安静娴静的环境，是一剂很好的疗伤良药。云南人缓慢的生活节奏给了丁洁很好的思考，总结了自己在恋爱中不对的地方。回来后，丁洁决定忘记伤痛，开始一种新的生活。

一年后，丁洁认识了一个新男朋友，两个人谈了半年后就结婚了。婚后，丁洁一边努力的工作，一边照应着家庭，过着幸福而开心的日子。

女人可以通过一场旅行来改变自己，改善自己的状态，从而善待自己，这是旅行的幸福。

小敏人长得很漂亮，在上学的时候就是学校里的校花，追求她的人特别多。工作后，小敏嫁给了一家科技企业的总经理小赵。小赵名牌大学毕业，又留过学，人长得也高大英俊，和小敏在一起，简直是郎才女貌，天生一对。

小敏原先在一家销售企业上班，薪水不是很高，每个月为完成业务指标，特别的辛苦，有时甚至连饭都吃不上。

结婚后，老公小赵就让小敏辞去了工作，在家当起了全职太太，家底殷实的小赵根本不在乎小敏一个月挣的那几个钱。

刚开始，小敏觉得生活过得很幸福，再也不用上班了，每天舒舒服服地待在家里，什么都不用做。家里的一切家务——拖地洗衣、做饭刷碗全部由保姆一手操办，小敏每天要么就去逛街、要么就窝在家里看电视。

可是，不到半年的时间，小敏发现自己得了抑郁症。因为每天在家没事可做，实在是太无聊了，每天一个人对着空荡荡的大房子，小敏觉得自己就像一只被养在笼子里的宠物，丝毫体会不到人生的价值所在。

小敏想，难道自己就要这样过一辈子吗？越是这样想，小敏越是感到抑郁。于是，小敏去看了心理医生。心理医生告诉小敏，病因是在家吃闲饭吃得，女人应该回归到社会，要去工作，纵然家里再有钱，也不能只窝在家里吃闲饭。

小敏回家后和老公小赵商量，要求出去工作。小赵执拗不过小敏的请求，只好答应。小敏重新回到了原先的公司上班，虽然每个月一如既往的辛苦，可是小敏觉得自己过得很充实，心里也很踏实，原来这才是工作的幸福！

衣食无忧的女人未必真的幸福，女人也需要实现自我价值，赢得社会的肯定，这是工作的快乐。

可见，幸福有很多种，女人应该善于从生活中的各个方面去发现幸福的藏身地、去发掘幸福的所在。因为这个世界并不缺少幸福,而是缺少了发现幸福的眼睛。本书专门为女人如何活得幸福而打造,希望广大的女性朋友们读后能够有所收获,找到属于自己的那份幸福。

目 录
CONTENTS

第一部分　幸福女人的美丽说

很多女性朋友认为，形象对一个人很重要。漂亮的脸蛋无疑是一种得天独厚的资本。

她们美得天然、美得雍容华贵、美得让人窒息，她们有各种各样的美，每一种美都会让人心动。

Chapter 1
装扮，让你变得更美

在所有采访的朋友之中，她们有这样的一种观点，如果不是天生丽质，就装扮吧，丑小鸭也会变成白天鹅！

第一位女性朋友刘珊　让脸蛋变得最美 / 002
第二位女性朋友小丽　你的第二张脸 / 006
第三位女性朋友白静　腿部的曲线美 / 010
第四位女性朋友林畅　"胸器"袭人吗 / 014

Chapter 2
要脸蛋，更要魅力非凡

并不是只要脸蛋漂亮就是最幸福的，青春总会逝去，容颜也会在某一天一去不返。所以，她们更注重魅力的打造。

第五位女性朋友宋小嘉　撒娇的女人最好命 / 018
第六位女性朋友谢楠　高贵是幸福的筹码 / 023
第七位女性朋友程寿梅　像水莲花般的娇羞 / 027
第八位女性朋友沈如　优雅比漂亮更迷人 / 031

Chapter 3
选男人是门技术活

这些女性朋友也一再提醒：女怕嫁错郎。她们的幸福也有一些选男人的标准，才能幸福在今生。

第九位女性朋友陈蕊　男人要表里如一 / 035
第十位女性朋友苏青　你的男人有上进心吗 / 039
第十一位女性朋友陈芳　有钱的男人未必好 / 042
第十二位女性朋友杜晓燕　顾家的男人是首选 / 046
第十三位女性朋友王霞　花心的男人是地雷 / 050

第二部分　幸福女人的生活论

女人常接触的就是生活，这些女性朋友们有着自己的生活论，是她们跌跌撞撞悟出来的。

她们有的也受过很多次伤害，但是她们最终还是在生活中胜利了，今天才能幸福地站在采访者面前。

Chapter 4
让家变成另外的一个天堂

不少女性很注重自己的家，她们希望有一个温暖的家，她们会花心思在家的整理上，没想到和幸福有缘了。

第十四位女性朋友姚采颖　一手好菜，一生幸福 / 054
第十五位女性朋友阿兰　每一处布置，都是一份
　　小幸福 / 058
第十六位女性朋友小琳　家对女人意味着什么 / 061
第十七位女性朋友张丽　开一场家庭派对 / 064

Chapter 5
孩子是维系幸福的源泉

这些女性朋友们，很欣慰的是有了孩子，孩子让她们在家庭中更能腰杆挺直。

在对待孩子的教育上，这些妈妈也不容懈怠——孩子的未来也关系着她们的未来。

第十八位女性朋友丁脉　最恰当的时机要孩子 / 067
第十九位女性朋友赵红梅　好孩子的幸福 / 071
第二十位女性朋友高群芳　帮助孩子创事业 / 074

第二十一位女性朋友李大姐　别忘了孝顺 / 077

Chapter 6
婚姻、生活皆圆满

不少女性朋友认为，婚姻并不一定是爱情的坟墓。聪明的她们总会想着怎么经营，让她们更能站得住脚。

第二十二位女性朋友刘蓓　家和万事兴 / 080
第二十三位女性朋友罗玉珊　保持婚姻的新鲜 / 084
第二十四位女性朋友琳琳　幽默是幸福的催化剂 / 087
第二十五位女性朋友康妃　留点秘密给自己 / 090

第三部分　幸福女人的社会学

她们之中有不少人是不愿意成为"黄脸婆""家庭主妇"的，她们就会走出去，和男人们平起平坐。

这些大胆的女性也认为，靠天靠地不如靠自己，如果没有事业，迟早会被抛弃。

Chapter 7
有自己的事业线

自己又不是花瓶，何必天天养在家里？女人，就应该对自己狠一点。她们事业有成，男人也会对她们悠然生敬，不再认为她们只是丈夫的附属品。

第二十六位女性朋友郑洁　女人要靠自己养活 / 094
第二十七位女性朋友西蒙　我是"女汉子" / 097
第二十八位女性朋友小敏　为何要吃闲饭 / 100
第二十九位女性朋友伊琳娜　抓住机会 / 103

Chapter 8
打造朋友圈

有不少女性朋友摆脱了天天围绕孩子、老公转的"悲惨"命运，她们也有了人脉圈，看起来前程似锦！

第三十位女性朋友李念　寻找你的"贵人" / 106
第三十一位女性朋友骆佳佩　和同事成为知己 / 110
第三十二位女性朋友曹榴　和老板成为朋友 / 113
第三十三位女性朋友徐小雅　远亲不如近邻 / 116

Chapter 9
交际场上让人喜欢

这些女性朋友几乎都认为，女人就应该让人喜欢，社交场上就应该光芒四射。即便不是交际花，有人见人爱的殊荣那也是一种美感。

第三十四位女性朋友牛静　低姿态离幸福才近 / 120
第三十五位女性朋友蓝小莫　上司其实并不"菜" / 124
第三十六女性朋友彩云　善用方式去汇报 / 127
第三十七位女性朋友将滋悠　女人太狠，地位不稳 / 131

第四部分　幸福女人的心灵诗

她们做了这样的一个总结：女不强大天不容！她们就会变得内心更强大。她们说这样会百毒不侵。

Chapter 10
做一个简单的女人

女人不能苛求太多，有时候简简单单才是真。她们便会避开虚荣、攀比，于平淡中见惊奇。

第三十八位女性朋友玲　结婚是因为爱情 / 136
第三十九位女性朋友翁美睐　善于转变角色 / 140
第四十位女性朋友何琳　多给别人一点宽容 / 143
第四十一位女性朋友曲敏　平淡中的幸福 / 147

Chapter 11
既优雅又有才华、气质

女人不能只靠外表，外表只是一时的荣耀，内在的才华、气质才能让她们立于不败之地。

所以，她们会选择从内心上修养，不至于某一天沦落、颓废。

第四十二位女性朋友小婷　腹有诗书气自华 / 150
第四十三位女性朋友李燕　自信是最好的气质 / 154
第四十四位女性朋友女推销员　女人从笑脸开始 / 157
第四十五位女性朋友张雯娟　爱音乐的女人最美丽 / 160

Chapter 12
活出无悔的自己

  在采访的所有女性朋友中,她们大多数会认为不能白来这一生。无论最终的结果如何,都要无悔!她们便会精彩地活着,哪怕其间也有坎坷、也有磨难。

第四十六位女性朋友白艳珍　相濡以沫,不如相忘于
    江湖 / 163
第四十七位女性朋友梁曼　离婚,你想好了吗 / 167
第四十八位女性朋友露西　生活要活出热情 / 171
第四十九位女性朋友邹婉儿　让不幸赋予你动力 / 174

第一部分
幸福女人的美丽说

很多女性朋友认为,形象对一个人很重要。漂亮的脸蛋无疑是一种得天独厚的资本。她们美得天然、美得雍容华贵、美得让人窒息,她们有各种各样的美,每一种美都会让人心动。

Chapter 1
装扮，让你变得更美

在所有采访的朋友之中，她们有这样子的一种观点，如果不是天生丽质，就装扮吧，丑小鸭也会变成白天鹅！

第一位女性朋友
刘珊
让脸蛋变得最美

上帝说："女人最美的地方，是她的脸蛋。"的确如此，无论一个女人长得漂亮与否，首先就是看她的脸蛋，如果脸长得漂亮，无疑是一个美女，如果脸部不美观，那么她肯定是一个长相一般的女人。因此一个女人最幸福的事情，莫过于上帝赐予她一副如花似玉的面容。然而，上帝是如此地吝啬，因为他不可能把世间所有的女人都变成西施或貂蝉，他不会赐予每一个女人天使般的面孔，他只会让极少数女人天生丽质，拥有一副毫无瑕疵的面容，让她们变成这世间的珍稀动物。

那么，长相一般或者脸部有点瑕疵的女人失去幸福的权利了吗？当然不是！因为上帝认为女人的美丽是掌握在自己手里的，而不是依靠他的赏赐。如果女人的脸部不是完美无缺，可以通过一些化妆的手段来去除或者掩盖这些瑕疵，让女人们的脸部变得好看、变得完美无暇，展示在人们的面前。

第一部分　幸福女人的美丽说

刘珊是一位来自农村的女孩，虽然从小生活在贫困的山区，但是丝毫没有给刘珊的性格带来多大的影响，天生性格开朗的她喜欢表演和唱歌，经过自己一番刻苦努力，终于考上了庄敬高职表演艺术专业。

进入大学学习以后，刘珊更加珍惜这来之不易的机会，刻苦学习专业技能，成绩一直名列前茅。然而，对于会集各类艺术精英的庄敬高职表演艺术专业来说，拥有骄人的成绩只是一个方面。对于将来从艺的刘珊来说，漂亮的脸蛋也是一个至关重要的因素，尤其对于一个女生来说，长得漂亮往往比成绩优异更加会吸引人的眼球，获得更多的机会。

可是，这一点让刘珊非常苦恼，因为放眼望去，整个校园里来来往往的女生个个都是美女，虽然自己长得不算太丑，但是与校友们比起来，还是稍逊一等。由于刘珊从小在山村长大，家境不好，几乎很少用什么护肤品，甚至连面膜都很少去做，加之经常帮助父母下地劳动，皮肤晒得黝黑粗糙。粗大的眉毛加上黝黑粗糙的皮肤，一直是刘珊心里的一块心病。她每次看到别的女孩皮肤白皙，脸蛋光滑如玉，就非常地羡慕，刘珊做梦也在想，如果自己皮肤能够白一点，该是一件多么幸福的事情啊！为此，她感到非常地苦恼，有时甚至自嘲自己：别人的脸就像煮熟了剥了壳的鸡蛋，而自己的脸就像煮熟了剥下的鸡蛋壳。

刘珊通过观察发现，身边那些校花、系花级别的同学早早就被一些影视或演艺公司选中，还有一些广告商专门来学校挑选脸蛋漂亮、皮肤白皙的女生担任平面模特。而刘珊从来没有这样的机会。

于是，刘珊决定改变自己，给自己换一张脸。刘珊把奖学金和平时参加演出的费用省了下来，去了台湾一家著名的美容医院，把自己的苦恼告诉了医院的美容专家。

美容专家看了刘珊以后，表示刘珊的苦恼并不是什么大问题。美容专家先给刘珊做了一个小小的脸部整理手术，修剪了一个适合刘珊脸部的眉形，又给刘珊专门制订出了一套肤色美白方案。

经过一段时间的美容治疗后，刘珊惊奇地发现自己脸上的肤色变白了、皮肤也变得光滑起来。美容专家告诉刘珊，虽然不能完全让皮肤白皙起来，但是可以通过一些装扮手段进行掩盖。专家还教给刘珊一些涂抹粉底等化妆技巧。

当刘珊再次面对镜子的时候，看到的是一张眉目生情、皮肤白皙的脸，简直是换了一张脸，比以前的确好看了很多倍。

由于刘珊华丽般地成功"变脸"，再加上出色的专业水平，很快被一家电影公司的星探发现了，成为了该公司年纪最轻的签约艺人。

当刘珊在签约合同上签下自己名字的时候，顿时感觉到这幸福来得简直太突然了。

大诗人李白曾有这样一句著名诗句："云想衣裳花想容。"每一个女人都想自己能够花容月貌、倾国倾城。可是，面对自己脸部的一些小问题，该怎么办呢？最好的办法就是去美容。利用一些现代化美容手段和强有效的护肤品，再加上一些专业性的化妆技巧，让自己的脸蛋变得更加得美丽、更加得迷人。

漂亮脸蛋是女人幸福的源泉，所以，女人要幸福，从脸做起！

幸福密码

女人应该学会根据自己的脸型，剪一个适合自己的发型，修一个适合自己的眉形，配合自己的肤质选用适合自己的护肤品，打造出一张美丽的容貌。

女人应该学会装扮自己的脸，通过装扮也可以达到理想的效果，当你花费一些工夫在自己脸上，便会收获美丽的幸福。

第二位女性朋友
小丽
你的第二张脸

俗话说得好："人靠衣服马靠鞍。"衣服对于女人来说，简直太重要了、简直是女人的第二张脸。

阿里巴巴集团总裁马云针对淘宝网的成功，说过这样一句话："淘宝网之所以能够有今天的成就，一而再再而三地刷新营销纪录，我最应该感谢的人是我们广大女性朋友，是她们不遗余力地支持，才带给我们今天巨大的成功。"的确如此，爱购物，尤其爱买衣服，是女人的天性。

当女人买到一件漂亮合身的衣服，那种幸福的感觉是不可言喻的。因为衣服可以把女人装扮得更加漂亮、更加美丽动人。美丽得体的衣服不仅可以提升自己的品位，而且更能够吸引男人对你的感觉。好看的衣服可以掩盖住你长相上的一些缺点，同时也会让你变得更加有气质、更加有女人味。

在很多男人的眼里，一个女人就算长得再美，也有衰老的一天，可是一个女人能够通过衣服来装扮出自己的美丽，那才是经久不衰、永不褪色的美丽，而且衣服可以更换，会给人带来不同的新鲜感。

女人要幸福，就必须要有几套好看且得体的衣服来装扮自己。

小丽长得并不算是那种脸蛋漂亮的女孩，但是看上去总是给人一种非常有气质的感觉，因此在公司里，想追求小丽的人有很多，这里的秘诀只有小丽自己知道——那就是女人的美要靠衣服来衬托。

对于穿衣,小丽有着自己的一套穿衣经,她知道什么样的衣服最适合自己、什么样的衣服穿在自己的身上更好看。小丽认为,女人的长相其实是次要的,也是无法改变的,而衣服却是可以更换的,衣服给人带来的美丽感觉是一种幸福的感觉。

每当小丽穿一件新衣服来到公司,总会得到公司里那些女同事的称赞:"小丽,你这件衣服穿得太好看了,在哪买的呀?""小丽,你今天穿得这衣服不错,很有品位!"……

每次听到同事们这样的赞美,小丽的心里都乐开花了。

在情人节的时候,小丽收到了许多束鲜花,其中有束鲜花的卡片署名是:李建军。卡片上写着:"小丽,和你在一起共事很久了,也知道公司里有很多同事都喜欢你,的确,你是一个有品位、有气质的女孩,每次你穿一件新衣服到公司,我都会有一种怦然心动的感觉,就像你上次穿的那件百褶裙,简直太美了。你穿上去就像一位美丽的天使,小丽,你愿意成为我的天使吗?如果你有时间的话,今晚我们电影院门口见。"

小丽看完,感觉一股强大的电流瞬间击穿了自己的芳心,这突如其来的幸福简直太让人意外了。因为在整个公司里,小丽喜欢的人就是李建军,只是平时碍于同事之间的关系和女孩特有的矜持,两个人说话的机会并不多。今天小丽看到李建军向她表白了,能不感到一股巨大的幸福潮水般涌向心头吗?

晚上,小丽下班回家后,立马换了一套衣服,把自己装扮得更楚楚动人。在电影院门口,李建军远远就看见了小丽动人的身影,再加上小丽精心挑选的衣服,整个人看上去简直快把李建军的心给融化了,李建军顿时觉得自己已经深深地爱上了小丽。

经过一段时间的相处和了解后,两人正式确定了恋爱关系。拥有了爱情,小丽觉得生活更有滋味了。

衣服是女人的象征,衣服可以让女人更加幸福,因为一个女人展露在人们面前最多的部分就是衣服,也可以这么说,欣赏一个女人其实一大部分是在欣赏女人的衣服。

聪明的女人会知道如何用衣服来把自己装扮美丽,一件好看完美的衣服可以让你与众不同、可以让你在人群中出彩。另外,从穿着上,可以看得出你是一个什么样的女人、是一个什么品位的女人。

女人要想活得更加幸福,不仅要学会浓妆淡抹总相宜,更重要的是为自己挑选合适的衣服,那才是女人装扮美丽自己的关键。因为衣服的装扮直接影响到你在别人眼里的整体形象、直接影响你在心爱的人心中的感觉。

如果你是一位懂得用衣服装扮自己的人,那么你总会给人一种赏心悦目的感觉,这样才会有更多的人来喜欢你、爱你,你才能得到更多的幸福。

幸福密码

衣服是女人最华丽的外表、是女人最美的外衣,如同蝴蝶那双美丽的翅膀一样,吸引人们的目光,所以女人要学会挑选衣服,更要学会如何穿衣、搭配衣服,从而得到完美的装扮效果。

男人靠事业有成幸福,女人靠衣服装扮幸福,女人的美是外在的,而衣服的装扮是女人获取美丽、享受幸福最简单的途径。

第三位女性朋友
白静
腿部的曲线美

有人说女人的静态之美在于女人腰部以上的地方，而女人的动态之美就在她的两条腿。有句话这样说："静若处子，动若脱兔。"女人的动态美取决于她的腿型以及走路的姿势。如果一个女人拥有一双曲线完美的双腿，那么她走起路来，必将是婀娜多姿、风情万种，就像T台上走步的模特，不论走到哪里，都将是一道亮丽的风景。

然而，很多女人并不是天生就拥有美腿，再加上后天没有良好的饮食习惯，缺乏体育锻炼，结果造就了自己一双"大象腿"——粗大短小，腿部的曲线荡然无存。生活中，我们可以听到很多女人对着自己的大粗腿唉声叹气，感叹为什么自己的腿不能够细一点、苗条一点，为什么长成了这样，就像两根圆柱子一般。由于自己腿粗脚大，导致很多漂亮的衣服和鞋子无法穿进去，自己走在大街上也不会有回头率，试问谁会欣赏没有曲线美的腿呢？

其实这些并不用特别地担心，如果你的双腿的确粗了一点，那么可以通过衣服和鞋子的装扮，来对自己的腿型加以衬托和修饰，从而打造出一定的曲线效果。

白静和男朋友张华恋爱一个多月了，每次出去约会的时候，张华总爱说："你看看你的腿，走起路来一点也不好看，你的上半身和下半身简直就像是来自两个人的。"

这一点是事实，白静的腿粗得和张华的差不多，再加上1.5米的身高，更显得腿短了。每次张华说起她的腿时，白静都苦恼不已，腿是自然长得，自己又有什么办法，又不像是衣服，短了可以接上一截，粗了可以剪掉一段。

每次和男朋友逛街，每当看到大街上那些拥有一双细长带着曲线的双腿时，尤其是走过去从背后看的身影，完美的腿型加上优雅的步伐，那才是女性应该具有的美。每每看到这样的情景，白静心里总会一边羡慕，一边苦恼。

为了能够堵住男朋友的嘴巴，让自己拥有完美的腿部曲线，白静下定决心一定要重塑女人的腿部曲线美。

为此，她可谓下了一番苦功夫，去商场专门挑了几件紧身提臀的裤子，这样穿上去，腿就不会显得那么粗壮了，而且还略显出一点曲线。另外，在挑选鞋子的时候，尽量穿内增高的鞋子——鞋帮子低一点的。以前白静喜欢穿靴子，长长的靴筒往往把整个小腿都遮住了，看上去更显得腿短了。现在为了自己的爱情、为了让自己的腿部变得更美，白静忍痛割爱，把自己的长筒靴统统丢了出去。

经过一番精心的装扮后，对着穿衣镜，白静看到自己的腿看上去明显比以前舒服多了——细了一点，长了一点，还呈现出一丝曲线美。

当白静再次站在男朋友张华的面前时，张华看到白静不再是一双臃肿的"大象腿"，而是曲线分明，走起路来也好看了许多，不禁夸赞说："没想到随便装扮一下，你一下子就变得这么好看了！"

听了男朋友的夸赞，白静心里像灌了蜂蜜一般——幸福极了。

可见，女人经过一定的装扮，可以重塑女人的曲线美。腿部的美是女人展露在人们面前最形象的肢体语言，如果说脸蛋的漂亮代表了女人正面的美丽，那么腿部的曲线美就代表了女人背面的美丽。

在很多男人眼里，女人背影的美丽往往比正面的更摄人心魂、更能引起人们的美好遐想。

窈窕淑女，自古君子好逑。女人要想幸福，就必须装扮自己的双腿。那么，如何装扮自己的双腿呢？首先，上下装的色差应该尽量选择相差较小的，这样可以显得身高和腿长。其次，鞋子的选择，可以搭配鞋口比较宽松的靴子，宽松的鞋口让人有腿细的感觉。如果你是一位腿特别粗的女人，无法展示出腿部的曲线，可以选择穿裙子。裙子不仅可以掩饰不完美的双腿，而且还能增添柔媚魅力。最后，色彩的对比可以塑造出腿部的曲线美，斜条纹的裤子有利于表现出腿部的线条，给人一种视觉的扩张效果，让你变成一位亭亭玉立的美女。

幸福密码

女人的腿就像池塘上撑起美丽荷花的枝蔓，只有高高地支出水面，才显得最美。腿粗的女人只要懂得搭配，慎重选择款式和花样，同样能展现出一份修长感，体会下半身穿衣的乐趣，带给自己完美的幸福感。

有些美女长得很漂亮，可就是因为自己腿很粗，穿什么都不好看，导致自己没有幸福感和不自信。请不要灰心，腿粗可以通过穿衣打扮把自己的身材线条拉长，重新塑造出女人的曲线美。

第四位女性朋友
林畅
"胸器"袭人吗

在很多女性朋友的眼里，胸是女人的第二个标志。如果一个女人没有胸或者胸太小，往往不会给她带来幸福感，会让她感到自卑，甚至不敢挺"胸"做人。

在女人看来，胸的美观不仅关乎自己的审美观，更是能否吸引男人眼球的关键。据研究表明，胸大的女人比胸平的女人得到的回头率要高出五倍。

事实表明，女人的胸就像树上的叶子，没有两个人的胸是完全相同的。胸部的大小受到很多因素的制约，比如先天遗传、后天发育，以及地域、人种、环境，都会影响女人胸部的大小。生理学显示：胸的大小丝毫不会影响女人哺乳后代，仅仅是因人而异罢了。

然而，我们生活在一个追逐"大胸"的时代，不论是影视剧里的明星，还是现实生活中走台的模特们，一个个都是微露半球，胸大沟深。如果你是一位胸小的女人，该如何呢？难道你会因为天生的缺陷而一辈子闷闷不乐吗？其实不然，胸小的女人照样可以幸福。如果自己是一个胸小的女人，那么可以通过一些装扮来打造自己的胸部，让自己拥有傲人的双峰。

林畅是一家外企公司的白领，是公司总经理的一名助理。在平日工作的时候，经常需要陪同经理去接待客户或外来宾客。林畅个子高挑、人也长得很漂亮，再加上着装得体，算得上是公司的一位美人儿，每次有重要的客户或者嘉宾到来，总经理总喜欢带着林畅，大家都知道林畅就是公司的一张名片。人们常说，美女出马，没有办不成的事。有时候，一些问题经林畅的嘴一说，事情便顺利解决了，爱美之心人皆有之，谁会好意思当面拒绝美女的一个小小的提议或要求呢？

可是，对于林畅来说，每次接见客户都是一件非常痛苦的事情，因为林畅是一个胸部平小的女人，而对于身处外企的她来说，尤其是公司那些来自欧美的女同事们，一个个都是丰胸巨乳——"胸器"袭人，相比之下，林畅的胸就像一个飞机场一般平坦，这对于非常爱美的林畅来说，是一件难以启齿的事情。

有一次，公司提供给全体员工一次免费泡温泉的机会，林畅就是因为害怕在众人面前暴露示自己胸小的缺陷，而找借口拒绝了。林畅做梦都想自己的胸部能够变大，她每次洗澡时，都对着自己的胸部唉声叹气,有时候她想,如果自己的胸大一点,该多好啊!尽管平时自己穿的是加厚的胸衣,但是跟公司的女同事们比起来,还是稍逊一筹。

有一天,林畅在网上看到一款新型内衣产品,穿上后可以让自己的胸部变大到两个罩杯。林畅抱着一种试试的心态,从网上购买了一款。果然,回家穿上,效果显著,而且很自然,因为这款内衣穿上后,还显露出一条深深的乳沟,非常逼真。有了这样的装扮,无疑让林畅喜出望外,因为这样她就可以穿一些低领的衣服了,再也不用像以前一样,把自己包裹得严严实实。

第二天,林畅穿了一件低领的衣服,故意把自己的胸部凸显出来。当她早晨上班走进公司的大楼时,顿时引来许多的目光和回头率,这种幸福的感觉让林畅着实体验了一把做女人的美妙。

女人爱护自己的脸,更在意自己的胸。如果你正在为自己的胸部苦恼不已,可以通过一些装扮手段来塑造自己的胸部,让它变得丰满起来。

据国际审美协会一项调查显示:60.2%的女人对自己的胸部都不满意,78.4%的女人觉得自己胸部不够丰满、不够完美。90.6%的女人会通过一些内衣或者胸垫来妆扮自己的胸部,让它变得丰满起来。

可见,那些拥有完美胸部的女人无疑是幸福的,那些对自己胸部不满意的女人,照样可以装扮一下自己的胸部,同样可以达到理想的美胸效果。通过装扮,可以重塑女人的自信心,让女人重新昂首挺"胸"。

在胸部上去花点工夫,女人就会变得更幸福。

幸福密码

女人不要害怕自己的胸小,其实对自己胸部不满意,大部分都是心理因素造成的。端正自己的心态,才会让自己的内心充满阳光。

"胸挤挤总会有的。"胸小的女人可以挑选一些束胸、紧身的衣服,让胸部凸显出来,还可以挑选一些加厚有罩的内衣;另外还可以通过在内衣里加胸垫,来装扮自己的胸部。

Chapter 2
要脸蛋，更要魅力非凡

并不是只要脸蛋漂亮就是最幸福的，青春总会逝去，容颜也会在某一天一去不返。所以，她们更注重魅力的打造。

第五位女性朋友
宋小嘉
撒娇的女人最好命

女人可以不漂亮，但是一定要能撒娇、会撒娇，会撒娇的女人最好命。不管是谁，如果女人一旦对你撒娇了，他便立即会束手无策。因为你能拿撒娇的女人怎么办呢？南唐后主李煜曾写出这样的诗句："绣床斜凭娇无那，烂嚼红绒，笑向檀郎唾。""画堂南畔见，一向偎人颤。奴为出来难，教君恣意怜。"这样的撒娇，会立即让所有人为之沉醉，揉碎了你心中所有的坚强，融化了你所有的怒气，这时你的心中只有怜惜与不忍，对眼前撒娇的女人只会生出保护的欲望。

会撒娇的女人是最有魅力的，撒娇能表现出女性的柔美和柔弱的一面，会让男人把你当作宝贝一般宠着、爱着。即便你有什么做错的地方，只要适当地撒撒娇，男人就会给你一定的包容，不会太过指责于你，这样女人就会得到更多的幸福和疼爱。如果你不会撒娇，而是去撒野，甚至撒泼，对男人横眉冷对，或者不停地唠叨——有理不饶人，无理闹三分，试问，这样的女人还会得到男人的怜爱吗？得不到男人的怜爱，你自然也就得不到幸福。如果你撒娇了，男人会认为你只是希望他来哄，给予你一定的体贴。

现实生活中，男人有时会好面子、会大男子主义，具有雄性动物与生俱来的一种野性。这时，你如果用强，只会针尖对麦芒，丝毫不会占到任何的便宜，那么女人要如何来对付他的"野"性呢？不要着急，上天给了我们女人一个法宝——用撒娇来对付他们。

宋小嘉不仅人长得漂亮，而且非常有能力，今年才28岁，已经是一家外资企业的销售部经理。年轻有为的她，做事严肃认真，果敢干练，前途一片光明，可谓是众多正在事业上打拼女人心目中的"女神"。然而，这样的一位女强人却有自己的难言之隐。在众人面前，你看到的宋小嘉是一片春风得意——集美貌、学历、事业于一身，有房有车有地位，应该是一个幸福十足的女人。可事实上，宋小嘉过得一点也不幸福，和老公三天一大吵，两天一小吵，小小的家庭总是硝烟弥漫。

有一次，宋小嘉所在的公司正好放了几天假，她想出去逛街买衣服，但是她又不想一个人去，想让老公张强请一天假，好好陪陪她。

宋小嘉这要求本身就不太合理，她虽然放假，可是张强却要去上班。于是，张强一口拒绝了宋小嘉。

宋小嘉一听老公一口拒绝，立即火了，生气地说："今天你必须请假，必须陪我！"

张强回答说："你放假，我又不放假，公司这段时间事情多，这个时候没有什么特别的事，怎么好请假呀?"

宋小嘉平时在公司威严惯了,自己说的话,手下的员工没有一个敢不听从的。宋小嘉看到张强要出门,怒了,说:"如果你今天不陪我,晚上就不要进这个家门!"

张强回头望了宋小嘉一眼,丢下一句:"你呀,简直有点不可理喻!"说完,出门上班去了。

她看到老公一点也不听自己的话,连逛街的心情也没有了,一个人在家一边看电视,一边生闷气。正好电视里有一档女性节目,节目上说现代一些都市白领女性、一些公司的女强人,事业有成,但是生活不如意,原因就是这些女性朋友们性情太过"硬",以致夫妻感情失和。专家建议这些女性朋友应当放下自己的身段,适当地在男人面前撒撒娇,回归女人原始的天性。

宋小嘉看了，觉得专家说得很有道理，自己不就是一个活生生的例子。宋小嘉觉得自己是一个女人，有点女人味才对。

张强下班后，以为宋小嘉一定会跟他大闹一顿。可是没想到，一进门，宋小嘉主动跑上来，搂着张强的脖子，嗲声嗲气地说："亲爱的老公，你今天没生我的气吧，是我不好、是我无理取闹。对不起……老公！"

面对宋小嘉这突如其来的撒娇，主动认错，张强一时没适应过来，有点不知所措地说："好啦，好啦，等这两天忙完，后天我请一天假，陪你去逛街！"

宋小嘉见张强答应了请假陪自己，心想撒娇这一计真管用！从这以后，宋小嘉一改从前，有事没事就在张强面前撒撒娇，弄得张强束手无策，只好乖乖投降！

当男女之间出现闹一些意见和一些小矛盾时，女人适度撒娇会收到意想不到的效果，男人会因为女人表现出一副怜爱兮兮的样子，而作出让步，这样，所有的不快也随之解决了。

撒娇是调解矛盾的"缓冲剂"。会撒娇的女人，可以造就出一个成功的男人、一个幸福的家庭，给予男人一个安定、温馨的后花园。

幸福密码

作为一个女人，要懂得适当撒娇，这是保持幸福婚姻的秘诀，尤其是两人争吵时，女人若在这时撒撒娇，会收到出奇制胜的效果。

　　会撒娇的女人,是幸福的、可爱的、美丽的女人,它会使你生活中即将要起风起浪的湖面平静下来。每天撒一点娇,做一个幸福女人!

第六位女性朋友
谢楠
高贵是幸福的筹码

生活中，有些女人看上去典雅高贵，就像一株亭亭玉立的荷花，给人一种只可远观不可亵玩焉的美感。这些女人看上去好像什么都有，穿着华丽的衣服，拎着名牌的包包，自己开着车子，住着漂亮的大房子，有着稳定的工作，她们拥有的幸福是绝大多数女性正在向往的。

很多人认为这些女性真是天生的好命，什么都不缺，而且过得很幸福，就像是一个高高在上的皇后，总比一般的女性高一个生活的层次和水平。那么，事实上真的是这样吗？这些看上去高贵的女人都是天生的好命吗？其实不然，大部分高贵的女人并不是天生就能拥有这么多的幸福，而是她们知道如何才能生活得幸福。她们往往是让自己先高贵起来，把自己变得更加的有魅力，一旦自己有了魅力，那么机会和机遇便会向自己靠近了，跟着"好运"也就来了。

谢楠今年已经28岁了，可是一直没有找到适合自己的男朋友，这让谢楠非常地苦恼。在现代化、快节奏的大都市里，时光飞逝，谢楠感觉自己就像一片凋零的落叶，漂浮在这茫茫人海中，孤单而寂寞着。

谢楠在公司里算不上大美女，气质也一般，属于那种一抓一大把的女孩。为了让自己出众，谢楠拼命地工作，把领导分配的每一项任务都完成得非常出色，自己的工作业绩也节节攀升。果然，谢楠的工作能力在公司很快就传开了,为此同事们给她起了一个"女汉子"的绰号,这让谢楠非常苦恼。

原本她是想吸引公司众多男性同事的目光,得到更多的关注,以为这样便会遇到一个真正欣赏她、疼爱她的男人,可是这样的绰号却不是谢楠想要的,有时候一些男同事听说要和谢楠分在一个策划组,完成一个案子,大家都纷纷避让着,因为这些男同事的工作能力远远不如谢楠,最后所有的业绩都会让谢楠一个人抢走。

有一次,谢楠在网上和自己的大学闺蜜王雅聊天,把自己在工作上和生活上的苦恼全都倾诉了一遍。王雅听了谢楠吐的"苦水"后,给她想了一个好办法,那就是让自己慢慢变得高贵起来。王雅说:"高贵的女人最漂亮,就像是天上的月亮,只有先让自己最闪耀,自然会有人主动追求你。因为女人一旦高贵起来,就会掩盖住其他不足之处,呈现出一副高高在上的样子。当别人仰视你,就会有追求的欲望,越是够不着的东西往往越能吸引人,这就是女人高贵的秘密所在。"

谢楠听了王雅一席话，觉得很有道理。既然自己十分优秀，就应该拿出更多的自信。于是，谢楠开始行动起来。

平时不爱化妆的谢楠，从此早晨起来要对自己一番浓妆淡抹，并且带上了金镯子和珍珠耳环，周末还特意给自己买了一个真皮的黑色手袋，换了一身气质典雅的衣服。在工作中，谢楠不再为了吸引别人的目光，而故意和别人搭讪，除了工作以外，谢楠最喜欢做的事情就是每天下午站在窗口，喝着一杯拿铁咖啡，看着写字楼外的风景。

谢楠的改变，在不知不觉中引起了同事们的注意，更有一些同事对谢楠暗送秋波，尤其是销售部的主管张凯，更是被谢楠这种高贵的气质所吸引，说谢楠就像一位英国皇室的王妃一般，美丽动人，并对她展开了热烈的追求。

一年后，谢楠终于被张凯的苦苦追求所打动，两人恋爱了。不久后，两人便登记结婚了，谢楠终于如愿以偿，成为一名幸福的新娘。

俗话说得好，越是在高处的东西越是难以得到，越是难以得到的东西，就越能吸引别人的眼球。

女人的高贵并非一定要出自名门贵族或者本身所处的地位如何显赫，高贵是一种气质、是一种女人散发出的内在美。它可以通过外在的装扮与内在的气息互相衬托，把女人的美丽提升到一定的高度。

女人要幸福，就要让自己变得高贵起来，因为没有人愿意把目光停留在平平庸庸的人身上，只有你高贵了，别人才能看得见你。

幸福密码

女人的高贵可以为女人增添筹码，让女人看上去和别的女人与众不同，可以吸引更多的人对你暗生情愫，让你得到更多的爱。

人的一生是短暂的，而女人的美丽更是短暂，唯有让自己变得像黛安娜王妃那样高贵，才会长时间留在人们的心中，幸福一生。

第七位女性朋友
程寿梅
像水莲花般的娇羞

　　女人该如何幸福呢？有人这样回答：娇羞的女人最幸福。著名诗人徐志摩就曾为一名日本女郎，写下了这样一首著名的诗："最是那一低头的温柔，像一朵水莲花不胜凉风的娇羞，道一声珍重，道一声珍重，那一声珍重里有蜜甜的忧愁！"在徐志摩的眼里，这位日本女郎娇羞的容颜，多么令他恋恋不忘，同时这位女郎是多么的幸运，因为有人对她如此思慕。
　　可见，娇羞的女人是幸福的，娇羞的女人更能打动男人心底最柔软的角落，从而得到更多的爱。
　　女人的娇羞，就像一朵含苞初放的花朵，鲜艳欲滴，恰到好处，它把女人最柔美的一面呈现了出来。女人的娇羞如同一湾春水，会把冰冷的世界瞬间融化，它给了你最柔情的温暖，把女人的矜持表现得恰到好处。试问，当一个女人在他人的面前表现出娇羞的时候，他人还能生气或发脾气吗？当一个女人对他人犹抱琵琶半遮面时，他人难道不会怦然心动吗？娇羞是女人最美的特质，会娇羞的女人可以得到更多的怜爱。

　　　华军和程寿梅结婚快两年了，早已经过了新婚的甜蜜期，日子逐渐变为了平淡，变成了每天日出而作、日落而息，变成了柴米油盐酱醋茶这种典型的居家过日子的模式。随着婚姻生活变得平淡，失去了恋爱时的无忧无虑、纯真浪漫，这让程寿梅这个平时散漫惯了的女孩很不适应，尽管她很爱自己的老公，可是她的脾气却日渐增长起来，小两口经常为这样或者那样的事情争吵。程寿梅总是满嘴的抱怨,稍有不满意,就会耷拉着脸,把华军狠狠地数落一通。

俗话说,小吵伤和气,大吵伤感情。小两口的日子甜蜜的时候越来越少,弥漫硝烟味的时候却越来越多。每次争吵过后,程寿梅也非常伤心难过,明明心里很爱自己的老公,可是一遇到不满意的地方,往往就控制不住自己,哪怕只是老公不轻易地说了她一句,她也会很不高兴,这样的日子让程寿梅觉得婚姻生活并不幸福,自己也不是婚前想象中的幸福女人。

有一天,程寿梅和老公华军因为回娘家的事情,闹了别扭,两人大吵了一架。吵过后,两人各自靠在了床头,程寿梅伤心地哭着问:"老公,你是不是没有以前那样爱我了?"

华军心里苦恼地回答说:"不是我不爱你,而是你现在有时候的确让我受不了。"

程寿梅接着说:"那你爱我,为什么每次吵架你都一点不让着我,让我每次都非常伤心难过?"

华军回答说:"不是我不想让你,而是你每次都脸红脖子粗，让我根本无法让着你。你不觉得你没有以前温柔了吗？以前只要说你一点什么，你立马会脸红，一脸娇羞的模样，即便你做错了什么，我也不忍心责怪你。可是现在，你的娇羞哪里去了呢？"

程寿梅听了老公的话，一下不知道该说什么好了。程寿梅思考着：也许是因为结婚成家后，老公成了自己的最熟识的人，所以渐渐地把娇羞丢掉了。程寿梅想着恋爱的时候，自己总是一副娇羞的模样，每次当她娇羞的时候，华军总是把她紧紧地搂在怀里，百般疼爱，那时候是多么的幸福。

想到这，程寿梅看着旁边的老公，红着脸低下了头，轻语："老公我错了！"

华军看着自己的老婆主动认错，还一脸娇羞的表情，顿时心也软了下来，所有的怨气也消散了，伸过手把程寿梅搂在了怀里，说："其实也不能全怪你，有时候我自己也不好。"说完，低下头在程寿梅的额头上印下了深深的一吻。

程寿梅被老公这突如其来的一吻，一下子没能适应过来，脸顿时红得像个苹果，于是把头深深地埋进了老公的怀中，而此时程寿梅的心里却是乐滋滋的，仿佛回到了初恋般的感觉，重温着幸福和甜蜜。

娇羞的女人是可爱的、是温柔的，同时也是幸福的。娇羞的女人会柔情似水，能够融化生活中一些不必要的小矛盾和小误会，会让自己的老公心软，从而由原来的生气转为怜爱，去疼爱你。

娇羞是女人的法宝。女人一旦娇羞起来，男人便毫无办法，因为没有一个男人会对娇羞的女人横眉冷对。所以，女人要幸福，就必须娇羞起来。女人只要娇羞起来，就会获得更多的疼爱和幸福，这是女人享受更多幸福最好的武器。

幸福密码

　　相对火爆的女人，她们吹眉毛瞪眼，往往会让人避而远之。相反，娇羞的女人会让人心生温暖，不忍心打破那一份天然难能的可贵。

　　娇羞，是女人幸福的一个秘诀，能瞬间抓住别人最柔软的角落，让别人情不自禁地体恤你、爱怜你。

第八位女性朋友
沈如
优雅比漂亮更迷人

大哲学家培根说："形体的美胜于颜色的美，而女人优雅的行为比形体的美更美。"一个女人即便长得再漂亮，如果不懂得优雅，那也是空有一身好皮囊，这样的女人只能得到一时的幸福，一旦她的美丽不再，红颜消退时，她就失去了她所有的优势。而一个女人即便是相貌平平，只要拥有优雅端正的体态、敏捷协调的动作、优美的言语、甜蜜的微笑和具有本人特色的仪态，就会给人一种挥之不去的美好印象。

美貌给予人的直观感受只是一时的、短暂的，而且很容易被替代，而优雅却能够持久地留在人们的心中，成为定格于人们心中的一种美好的画面。

女人的魅力在于优雅，优雅的女人比漂亮的女人更容易得到幸福，比如那些世界每年举办的环球小姐、世界小姐、亚洲小姐，能够最终获取冠军的决定因素，其实并不在于她们的美貌，因为凡是进入最终角逐的选手们，每一个都是貌美如花，决胜的关键在于她们的优雅。

美貌是天生的，而优雅却是后天培养出来的。对于一个女人来说，女人的美不仅仅局限在了长相和身材上，更重要的是体现在了行为举止上。心理学家的研究表明：优雅的女人的幸福值要比一般女人高出数倍。可见，优雅的女人更幸福！

沈如毕业于一所师范大学的中文系，可是毕业后，她又不愿意进中小学去做一名语文教师，因为在实习期间，她感受到当一辈子做一名教师时，一点也不幸福。

在朋友的帮助下,沈如凭着自己优秀的中文成绩和甜美的长相,终于在一家大企业谋到了一个秘书的职位。不久后,沈如就对日常工作完全熟悉了,并且能很出色地完成各项工作任务。公司看到沈如工作能力较强,有意培养她。

一个月后,公司组织一批高级秘书去国外学习,内容是仪态优雅的训练。

在沈如的脑海里,女人长得漂亮才是最重要的,爱美之心人皆有之。由于这次是公司组织学习,沈如想多学一点东西。多学一点,一定会对自己今后的工作有所帮助。

经过一个月的学习和训练,沈如才知道自己原来对女人的优雅的认识太肤浅了,这里面竟然包含着那么多的规矩和学问。

培训师说:"秘书是企业的一面镜子,代表着企业的形象特征,作为企业的高级秘书,你的一举一动更应散发形象魅力，所以你们除了漂亮之外，更需要优雅！优雅的女人才是最美的女人，即使你不是秘书，仅仅是一个普通的女人，你的优雅在日常生活中也是非常重要的。如果你是一个长相平庸的人，可是你懂得如何在人们面前表现出优雅的样子，那么你会比那些天生出众的女人赢得更多的机会、获取更多的幸福。优雅让你变得更加有魅力，一旦它融入你的生活后，你会活得更自信，人生之路会走得更好！"

沈如通过对形象优雅学理念的学习，增强了优雅意识，明白了努力挖掘自身魅力形象的重要；然后又通过培训师指导下的体态语言的强化训练，学会了怎样把自己的体态语言应用在管理、沟通和自我展示中，从而表现出一位具有优雅端庄的高级秘书的形象。

通过一个月的形象、仪态、礼仪训练后，沈如回到公司后，同事们突然间都觉得她和以前不一样了，沈如的一颦一笑，举手投足都比以前更有美感，浑身散发着一种雍容大方的气质，和从前的那种随意相比，多了一种高贵的感觉。

沈如自己也感觉和以前大不一样了，仿佛自信和成熟更多了一些。这种幸福的感觉让沈如更加自信地去工作，也得到了更多的赏识与赞扬。

在日常生活中，常听人们说优雅的女人最迷人。优雅的女人可以把女人味散发得淋漓尽致，当与她擦肩而过时，会给人一种如沐春风的美好感觉，让人心旷神怡。

毋庸置疑，优美的姿态能给人留下深刻的印象，女人要想得到更多的幸福，就要更优雅。学会运用优雅的微笑、优雅的肢体语言、优雅的眼神、优雅的表情、优雅的仪态来展现优雅的你，让你整个人不仅表面看上去美丽优雅，而且让这种优雅融进你的身体里，让你变得优雅在思想上、优雅在心灵上；让你更有气质、更有修养、更有风度、更有魅力，从而获取他人对你更多的喜欢和爱，让你成为万人瞩目的焦点、成为众星拱月般的幸福女人。

幸福密码

优雅会给女人增添更多的魅力，把女性的外在和内在融合在了一起，给予人们最美好的视觉享受，从而得到更多的垂爱。

优雅的女人会生活得更加自信，愿意让更多的人来接近自己，会拥有更多的朋友和机遇，为自己创造更多幸福的生活。

Chapter 3
选男人是门技术活

这些女性朋友也一再提醒：女怕嫁错郎。她们的幸福也有一些选男人的标准，才能幸福在今生。

第九位女性朋友
陈蕊
男人要表里如一

女人最怕男人什么？无疑是最怕男人表里不一，有的男人嘴上说一套，做的却是另一套。这样的男人最不可靠，也最不能给予女人幸福。一旦女人误入男人表里不一的圈套，那么就如同一头栽进了雾霾之中，分不清东南西北，不知道是真是假，那么得到的幸福也就少得可怜，因为这样的男人往往给你的仅仅是口头上的承诺。

每一个女人都想得到最真实的幸福，不管这样的幸福有多大，只要是真真实实的，女人就会感到满足。但是如果你的男人不是一个表里如一的人，往往是"塞上长城空许约"，这样你就永远得不到幸福，得到的永远只能是谎言和欺骗。

所以，女人该如何幸福呢？看清男人是关键。有些女人经不起男人花言巧语的欺骗，受不了男人的甜言蜜语，于是选择相信这个男人所说的话，一旦你们结婚后，他之前答应的事情便会统统不算,而这时你已经失去了先机,只能忍气吞声,打碎了牙往自己的肚子里咽。

陈蕊今年28岁,男朋友韩城29岁,两个人在一起恋爱两年了,都已经是一对大龄青年了,眼瞅着快奔三十岁了。这让陈蕊心里非常着急,想快点结婚,安顿下来。

然而,结婚最大的问题就是房子的问题。两个人的工作都在香港,而老家在内地,两人要结婚,必须要买一套房子,要有住的地方,因为有了房子,才能有安身立命之所,才会有一个家。

陈蕊当初选择和韩城恋爱,就是韩城曾答应陈蕊会在香港买一套房子,建造一个属于他们俩的二人世界。陈蕊曾幻想在香港有一个属于自己的家，工作之余可以站在自家的阳台上喝着一杯咖啡，晒着午后温暖的阳光，看着香港高楼林立的繁华景象，那是一件多么幸福和惬意的事情啊！

然而，转眼之间，两年过去了，陈蕊和韩城依旧挤在合租来的不到10平方米的房子里，人多的时候，上厕所都不方便。这让陈蕊非常痛苦，每次都催促韩城买房子。而韩城每次都以各种借口把陈蕊说服了，买房子的事情一拖再拖。

事实上，不仅是在买房子这件事情，在很多事情上，韩城给陈蕊的只是一张张空头支票。有一次，陈蕊在商城看到一款漂亮的包包，想让韩城买下来送给她。而韩城却说等陈蕊生日的时候，把这个包当作生日礼物送给她，可是陈蕊的生日都过去大半年了，韩城却还没有买下这个包包，就连陈蕊都快忘记这件事情了。

渐渐地，陈蕊发现韩城就是一个表里不一的男人，心想如果把自己托付给这样的一个男人，一辈子会幸福吗？陈蕊越想越害怕，最后终于向韩城提出了分手。

三个月后，陈蕊听一个朋友说，陈蕊和韩城分手后，韩城回老家去了，在老家买了一个房子，还相了亲，年底准备结婚了。

陈蕊这才明白，原来韩城根本不想在香港买房子，只是一直在敷衍她，尽管陈蕊很伤心，但同时也很庆幸，幸亏没有选择这样的男人，自己的幸福还在。

可见，女人的幸福在于找一个可靠的男人，可靠的男人应该是踏实真诚的人，而不是表里不一——说和做不一样的人。

所以，女人应该提高自己的分辨能力，如果身边的男人是一个说一套做一套的人，那么这个男人并不是真正地爱你，因为他并没有百分之百地对你真心，一旦男人有了外心，那么幸福指数必然会大幅下降。

幸福密码

如果一个男人没能实现说到就能做到，那么女人就不应该百分之百信任这样的男人，而是要对这个男人多加考验，一旦发现他是一个表里不一的人，就应该在最短的时间内和他划清界限，重新寻找真正的幸福。

女人应该寻找能够及时兑现承诺的人，作为自己的伴侣，这样的人才会心口合一，给你想要的幸福。

第十位女性朋友
苏青
你的男人有上进心吗

俗话说得好，十个女人有九个都有攀比之心。因为攀比能够让女人知道自己过得比别人好，得到的东西比别人多，这样的攀比可以给女人带来优越感，这样的优越感会让女人倍加幸福。

而女人可以拿出的最能攀比的东西，无疑是自己的男人。自己的男人有出息，那才是女人真正的骄傲，也是女人攀比的最大资本。

那么，什么样的男人才会实现女人这样的愿望呢？无疑是具有上进心的男人，拥有上进心的男人，即便现在不是一个成功的人士，但是在不久的将来一定会有一番成就和事业，给自己的女人舒坦的生活，满足女人各种幸福的愿望。

女人要想幸福，就应该多一些攀比之心，这样的比较可以激励男人，让他们始终保持一定的压力和动力，降低他们的懒惰之心，这样可以最大限度地激发出男人的潜能，让他们尽快地发现自己的优势和才能，促进他们成功。当他们成功了，女人自然也就获得了一份成功的喜悦与幸福。

苏青和老公徐杰是在上海打拼的一对工薪族，虽然生活并不是十分富裕，但是两人的工资维持他们的生活绰绰有余。

可是，苏青却是一个要强的女人，她当初能够嫁给徐杰，就是看中徐杰是一个扎实肯干，有上进心的男人。而婚后，徐杰也没让苏青失望，从原来的一个小小的工人，晋升为了现在的车间组长，工资也翻了一倍。不久前,两人买了一套80平方米的房子,虽然房子不是很大,但是两个人终于在上海这个国际化的大都市扎下了根。

在很多人的眼里,苏青已经很幸福了,但是这些在苏青看来还远远不够,这一点小幸福还不能满足苏青的愿望。苏青知道,和在公司里那些具有上海本地户口的女同事相比,自己的这些幸福简直太微不足道了。

可是苏青有信心,自己一定会和那些女同事一样幸福,因为她背靠一个具有上进心的好男人。

果不其然,一年后,徐杰凭借自己的努力,顺利提升为了车间主任。几年后,徐杰成为工厂里的厂长。公司为了奖励徐杰给公司带来的突出贡献,还专门给他配了一辆小汽车。另外,徐杰从原来的一个月几千块钱薪水,提升到了年薪五十万元。

短短几年的时间里,苏青的生活水平有了一个质的改变,不仅有了车子,还换了一套大房子,家里装修豪华。

有一次，苏青和徐杰回老家办事，以前和苏青在一起的长大的姐妹们，看到苏青如今过上了这样富足的生活，除了恭喜，便是羡慕。

苏青终于如愿以偿，衣锦还乡，赚足了面子，脸上的笑容开了花，心里的满足甜如蜜。苏青觉得自己选对了一个好男人，是天下最幸福的女人。

女人的幸福一半是男人给的，那么男人如何才能给予女人幸福呢？就是男人要靠自己的努力，让自己事业有成，赚更多的钱，买更好的房子，让女人过最富足的生活。

女人只有衣食无忧，生活不愁，才会有一定的安全感、才会不用提心吊胆、才可以腾出更多的时间做自己想做的事情。那么，作为女人如何才能让自己拥有这样的幸福呢？

答案很简单，那就是女人要找的男人必须具有上进心。如果一个男人没有上进心，他不会为你创造更好的生活，只会碌碌无为，这时的生活就如同是寺庙里的和尚在撞钟一般，得过且过。这样的女人会被岁月的流逝所湮没，那些本应该让女人享有的幸福便会随风而去。

幸福密码

男人不一定需要富裕的家境，奢华的背景，只要这个男人有上进心，总有一天他会从草根变皇帝，给予你一份别人不能拥有的幸福。

如果男人的上进心不强，女人可以通过一些攀比，激励自己的男人，有时候可以给自己的男人吹吹枕头风，让男人从沉睡中苏醒，唤起他的上进心，让他为你的幸福而拼搏。

第十一位女性朋友
陈芳
有钱的男人未必好

在很多女人看来，一辈子能否幸福，很大程度上取决于男人的口袋。如果男人的腰包鼓鼓的，那么女人就能过上丰厚的物质生活，享受到别人不能享受的东西。

很多女人直接会说："有钱就幸福！"然而，有钱的男人未必真的好，不是有一句俗语这样说："男人有钱就变坏。"一个男人太有钱，会让女人产生强大的依赖感，滋长自身的懒惰，进而变得失去自我、失去上进心，这样一来，女人就会认为这个男人没有危机感，男人很容易不把这样的女人放在心上，久而久之，男人对女人的感情就会逐渐地冷淡，一旦遇到了新的诱惑，男人很容易就会抛弃原来的女人。

女人要幸福，就应该明白女人真正需要的是什么，自己追寻的幸福根源在哪里。毋容置疑，女人需要的是男人，幸福的根源也是从男人的身上而获得的，而不是仅仅需要男人口袋里的钱。

罗浩是一家企业的副总，年纪轻轻就事业有成，朋友更是分布于五湖四海，而宋海是罗浩这家企业的一名小职员，和年轻貌美的陈芳是一个部门的同事，宋海虽然不及罗浩有钱，但是人长得英俊。

罗浩和宋海都喜欢公司的陈芳，平时在工作上都对陈芳格外地照顾。面对一个上司、一个同事的格外热情,陈芳心里明白这两个人都对自己有意思,只是碍于工作关系,没有挑明罢了。

其实,陈芳心里很矛盾,罗浩和宋海各有千秋,各有各的好,经过一段时间的权衡之后,陈芳决定选择罗浩。陈芳认为如果和罗浩谈恋爱,那么对于以后的升迁肯定没有问题,而且就算自己事业没有发展好,嫁给一个有钱的男人也等于有了一份好工作,而且还不用再辛苦。

于是,陈芳接受了罗浩的爱意,两个人开始交往。每次约会的时候,罗浩都带着陈芳去高级餐厅,买衣服都去名牌专卖店,这让陈芳非常得意,认为自己当初的选择是正确的。

半年过后,罗浩对陈芳的热情不再,以前是恨不得每天下班都在一起,现在罗浩隔三岔五以工作应酬为由,故意疏远陈芳。刚开始的时候,陈芳以为罗浩真的是为了工作,直到有一次,陈芳无意之中看到罗浩的手机,里面有无数条和其他女孩的暧昧短信。陈芳质问罗浩到底是怎么一回事。没想到罗浩非但没有承认错误，而且还很自豪地说像他这样年轻有为又有钱的男人，喜欢他的女孩肯定不止一个，这没有什么好稀奇的。

听罗浩说出这样的话，陈芳非常伤心，心想难怪人们常说有钱的男人不可靠。回到家后，陈芳想了一夜，最终决定和罗浩分手。

半年后，陈芳和宋海走在了一起，并且两人一起辞职离开了公司，共同开了一家饭馆。宋海虽然没有多少钱，可是陈芳觉得生活过得很踏实，虽然每月赚得钱不多，但是她觉得很有成就感、很开心，陈芳觉得这才是真正的幸福。

有钱的男人并不是女人们所追捧的对象，虽然男人有钱，的确可以带给你很多别人享受不到的东西，但是千万要记住自己不能盲目地成为一名拜金女。有钱的男人未必真的好，因为两个人的感情也不是靠金钱所堆积而成的，关键还要看女人在男人心目中的分量。如果眼前的男人有钱，而你只不过是他眼里万花丛中的一朵小花，并不是他今生的唯一，那么这样的男人并不适合你。况且，那些有钱的男人，身边一定会围着一些满身沾满铜臭味的人，久而久之，男人很可能禁不起身边的诱惑，迷失自己，导致对女人的感情生疏，生成金钱至上的原则，一旦男人变成了这样，女人就很难得到她所想要的幸福。

幸福密码

有钱的男人固然非常吸引人，但是女人要看这个男人适不适合自己，如果这个有钱的男人是一个重钱薄情的人，那么千万要离这样的男人远一点。

　　女人要想找一个有钱的男人,首先不应该把眼光看在了钱上,而是要看这个男人的质量是否真的非常优秀,只有这样,女人才会得到"财色"双收的幸福。

第十二位女性朋友
杜晓燕
顾家的男人是首选

人们常说，男人是家庭的顶梁柱，一个女人是否幸福，很大程度上取决于她拥有什么样的家庭，家庭里有着什么样的男人。只有拥有幸福家庭的女人，才会幸福一辈子，这时女人最需要的是一个顾家的男人。

顾家的男人会时刻把家庭放在第一位，不管他走到哪里，心里时刻都会牵挂着家、牵挂着自己心爱的女人。顾家的男人会把最好的东西带给家里的女人，把最坏的东西留在家的外面，把快乐与高兴送给自己的女人，把悲伤与忧愁独自放在心上。

女人拥有这样的男人是幸福的，她用不着太操心，也不用太劳累，因为她知道自己的身边有一个顾家的男人，会替她安排好一切，会为她打造一个温暖的家。

杜晓燕和张军结婚快两年了，可是这两年的婚姻生活对于晓燕来说，一点也不幸福，因为老公张军是一个不着家的男人。

结婚前，张军虽然爱玩，但是只要晓燕一个电话或者发脾气，张军就会乖乖地立刻出现在她的面前，主动承认自己的错误。晓燕本以为结了婚以后，有了安定的家庭，张军会收敛一点，多为自己的妻子考虑考虑，可是晓燕错了。

自从结了婚以后，张军就像脱了缰的野马，经常下了班不按时回家，要么约几个同学出去喝酒、要么和几个同事一起唱歌，每次都要玩到很晚才回家，有时候还喝得酩酊大醉。

　　晓燕每次看到张军不为自己考虑，就非常地难过，有一次晓燕过生日，张军下了班又没按时回家，而且也没给晓燕打电话，晓燕以为张军下班为自己买礼物去了，于是在家做了一大桌好菜，还特意准备了蜡烛和红酒，可是一直等到饭菜凉了，张军还没有回来。晓燕打了好几次电话，可是电话那头总是无人接听，晓燕一个人在家苦苦地等着，最后竟然靠在沙发上睡着了。

　　当快到午夜12点的时候，张军才回来，一进门就是冲鼻的酒气。原来张军和高中同学聚会去了，吃完饭还去KTV唱了歌。

　　晓燕看到老公回来，连一句"对不起"都没说，终于忍不住发火了，两人三言两语吵了起来。

　　两年的婚姻生活就在吵吵闹闹中度过了，夫妻之间的感情逐渐消磨殆尽，最后晓燕和张军离婚了。

　　离婚后，晓燕以为自己这一辈子再也找不到想要的幸福了。半年后，经过一个好朋友的介绍，晓燕遇到了赵华。

赵华虽然长得没有张军帅，但却是一个顾家的好男人，什么事情都会先以家庭为重。这一点深深打动了晓燕，几个月后赵华和晓燕领证结婚了。

婚后，赵华每天都是按时上班、下班，即便有什么应酬，赵华都是能推则推，实在没有办法了，赵华都会事先打电话给晓燕说明情况，而且应酬完后，便早早地回家。

赵华有时候出差，在外面遇到什么好看的东西都会往家里带，而且每次都会给晓燕买礼物。虽然每次买的东西都不值什么钱，但是在晓燕的眼里，却是比什么都珍贵。晓燕这才感受到婚姻生活的幸福，感慨嫁给一个顾家的男人对于女人来说，是多么的重要！

一个女人不管有多么爱一个男人，那么结婚之前一定要观察他是否是一个顾家的人。如果这个男人是一个不顾家的人，时常在下班以后，和朋友、同事到处玩，经常玩到深更半夜才回家，而把家当作一个旅馆，将自己的妻子看成一个可以看家的人。

这样的男人即便在事业上、在人际交往上有多么的优秀，他都不会给你幸福的生活。因为不顾家的男人意味着对家庭不负责任，忘记了家庭责任，只顾自己娱乐的男人，能拿什么快乐分享给自己的女人呢？

放眼整个社会，在夜幕降临下，那些灯红酒绿的场所中，有很多都是喜欢不按时回家的男人，而他们的妻子此时一个人在家，苦苦焦急地等待着时间一分一秒地过去，期盼着自己的丈夫早点归来，日复一日，这样的等待未必不是一种痛苦的煎熬和折磨。

所以，女人要幸福，首先要选顾家的男人。

> **幸福密码**
>
> 　　当你在恋爱的过程中,发现自己的男朋友是一个不顾家的男人,这时你应该考虑是否和他继续交往下去、考虑是否分手,因为女人的幸福是一辈子的,不应该交给一个不顾家的男人。
>
> 　　如果你的老公是一个不喜欢顾家的男人,那么你应该想尽办法让自己的老公变得顾家起来,而不是放任自流,自己独自忍受这份痛苦的煎熬,你应通过一定的努力和手段,让老公以家庭为中心、以你为中心。

第十三位女性朋友
王霞
花心的男人是地雷

什么样的男人是地雷？花心的男人是一颗地雷。男人一旦花心，女人就一定会遭殃。每一个女人都想男人给自己的是100%的爱情，自己是男人世界里的唯一，能够集万千宠爱于一身，然而男人们是否这样想呢？男人就像一只猫，如果女人管得不严的话，男人就很容易趁你不备去偷腥。

男人起了外心，就很容易做出一些出轨的事情，即便没有做出出格的事情，也会是身在曹营心在汉，试问，一旦男人花了心，女人还会幸福吗？

因此，女人要幸福，就必须阻止男人花心。如果一个男人花心，女人就不会知道男人的心里到底想得是谁，生活也会变得提心吊胆起来，忧愁便随之而来，快乐就不再了。

王霞最近交了一个男朋友，名叫刘斌。刘斌身高1.83米，相貌英俊，是王霞心目中男神的标准。

认识刘斌是在朋友的聚会上，在饭桌上，王霞一眼就看中了刘斌，而刘斌也是一个非常爽快外向的人，饭桌上高谈阔论，有时还带点幽默，逗得大家哈哈大笑，尤其是王霞，对刘斌简直是一见钟情。

聚会后，王霞和刘斌互相留下了手机号码，彼此算是交上了朋友。后来王霞听朋友说，刘斌还没有女朋友。这一消息让王霞喜出望外，于是有事没事经常与刘斌发信息联系，联系次数多了，两人便开始约会了，一个月过后，王霞正式地成为刘斌的女朋友。

第一部分　幸福女人的美丽说 | 051

　　王霞认为从此以后，幸福就会朝着自己大步而来。王霞非常喜欢刘斌，经常给他买衣服，刘斌生病的时候，王霞还特意请假来照顾他，为他做饭送水、洗衣服。王霞甚至畅想不久后自己会和刘斌结婚，成为一个幸福的新娘。

　　然而，一次偶遇彻底打破了王霞的美梦。一天晚上，王霞下班后准备去市里的商场买一件衣服，可是就在买完衣服回来的路上，王霞看到刘斌牵着一个长发飘飘、打扮时髦的女孩一起走进了电影院。

　　看到这一幕，王霞的脑海中就像有一颗地雷爆炸似的，伤心极了，眼泪夺眶而出。第二天，王霞就和刘斌一刀两断——分手了。

　　王霞后来才知道，刘斌同时交了好几个女朋友，而自己只不过是其中之一罢了，原来刘斌是一个花心大萝卜、是一个脚踏好几条船的人。

　　在每一个女人心中，自己就是这世上的唯一，女人的眼睛里容不下任何的沙子，所以女人要想幸福，就必须挑选一个对自己一心一意的男人。也许这个男人并没有多少钱、也许这个男人长得并不帅，但那都不是最重要的，重要的是他能够给你足够的幸福、给你100%的真心。如果你的男人是一个吃着碗里的看着锅里的人，那么他必定不是一个好男人，这样的男人很容易红杏出墙，禁不起外面的诱惑。一旦这样的男人出轨了，就如同一颗雷在你身上爆炸，你会立即被伤得体无完肤。

幸福密码

女人的幸福是建立在男人一心一意的基础上，只有男人对你一心一意，幸福的大厦才会建造得稳稳当当，如果基础不稳，时刻都会有倾塌的危险。

如果女人发现了男人有花心的苗头，一定要想方设法把这种苗头扼死在摇篮里，如果不制止，男人的这种苗头会很快滋长，一旦付出了行动，女人想亡羊补牢，就晚了。

第二部分
幸福女人的生活论

女人常接触的就是生活,这些女性朋友们有着自己的生活论,是她们跌跌撞撞悟出来的。她们有的也受过很多次伤害,但是她们最终还是在生活中胜利了,今天才能幸福地站在采访者面前。

Chapter 4
让家变成另外的一个天堂

不少女性很注重自己的家,她们希望有一个温暖的家,她们会花心思在家的整理上,没想到和幸福有缘了。

第十四位女性朋友
姚采颖
一手好菜,一生幸福

每一个女人都想自己的老公每天和自己共进晚餐,可是很多男人却喜欢在外面的饭店饱餐一顿,原因何在?很简单,就是女人做得饭菜太难吃了,尤其是新时代的年轻女人们,大多都很少下过厨房,不会做饭,结婚后,为了照顾自己的老公,才勉强下厨房。然而,女人的手艺不精,导致饭菜根本不合男人的口味,这让男人们到了饭点还不肯回家。

当女人一个人在家吃着难以下咽的饭菜,这无疑是一种痛苦,家庭的幸福和温馨立即削减了一大半。俗话说得好,要留住老公这个人,就要先抓住他的胃。女人能否烧出一手好菜,在很大程度上影响着女人的幸福。如果女人烧出一手好菜,男人就不会在外面逗留,更不会为了吃饭而在外面东奔西找,男人会在下班的路上就在想着家里桌子上的美味佳肴。

一旦男人喜欢上了女人的饭菜,不仅可以按时回家,而且还能增加夫妻之间的情感，产生对妻子强大的依赖性，这对女人来说，是一种莫大的幸福。

　　姚采颖是房地产业的老总，家庭生活富足，在别人眼里，她是业界的女强人，有魄力、有胆识、有心机，是个不可小视的女人；在员工眼中，她有人情味，为人既实在，又真诚，是员工眼中的好老板。然而，姚采颖每次回到家后，感到一点也不幸福，觉得自己犹如一架冷冰冰的赚钱机器，因为自己从来没有和老公一起在家共进过晚餐。对于这一点，姚采颖不能把责任全怪在老公头上，因为自己根本不会做饭。每一次晚上下班回到家，看着富丽堂皇的别墅，空空荡荡，没有一丝的油烟味，餐桌上一尘不染，几乎成了一种摆设，这让姚采颖一点也感觉不到家的幸福。

　　从事业的角度来衡量，姚采颖的确是一个出类拔萃的成功女性。然而从家庭生活上来衡量，姚采颖觉得自己一点也不像个女人，因为自己什么都不会。

为了自己的幸福，姚采颖决定花费一定的时间来打理家庭，每天她会花上一个小时，跟着电视上的节目练习做菜。刚开始的时候，姚采颖做得菜连自家的猫都不吃，经过慢慢的练习后，姚采颖的菜越做越好，厨艺也渐长起来。

经过半年多的刻苦努力，姚采颖终于烧得一手好菜。这天，她特意在市场上买了很多的食材，把自己拿手的几个菜全部做了，然后打电话给老公，让他回家吃晚饭。当姚采颖的老公半信半疑地推开家门时，一股扑鼻的香气席卷而来，姚采颖的老公迫不及待地尝了几口，味道棒极了。

看着老公大口大口地吃着自己亲手做的饭菜，姚采颖觉得非常幸福，从这以后，姚采颖每天晚上都和老公一起在家共进晚餐，这让姚采颖真正体会到了家的感觉。

现代社会，我们居住的空间越来越大，房间的功能越来越精细、用途越来越明确，尽管如此，人们仍不可否认，最能体现出家的味道的永远是厨房。即便是家里有钱到足以天天去饭馆，可是这并不意味着真正的幸福。

有人说："男人心目中的理想的女人是上得厅堂下得厨房。"现代女性一旦听到这样的言论，就会强烈地抵制，她们坚决拒绝沦落为"煮饭婆"的悲剧命运之中，现代多数女性尤其反感呛人的油烟味，怨恨油腻的灶台……然而，女人要幸福，就应该明白，厨房是家庭幸福必不可少的源泉之一，因为良好的膳食不但可以强身健体，而且也是表达爱意的最好方式。当一个女人看到老公满足的笑脸，那才是最大的一种肯定与幸福。

幸福密码

女人要明白,自己的男人并不是想要一个在外面多么能干的妻子,而是需要一个能回归家庭、能给他带来家的感觉的烟火女人。

如果女人下班回家后,换上家居服,系着围裙在厨房里忙活一通,然后端上三盘两碗,对男人来说,这是家的味道;对女人而言,这是幸福生活的来源。

第十五位女性朋友
阿兰
每一处布置，都是一份小幸福

家对于女人来说，是幸福的巢穴，家里的每一个地方，都能给女人带来幸福的感觉。所以，一个幸福的女人一定是一个爱家的女人，她会把家里的每一个地方都布置得非常完美。

对于女人来说，最大的乐趣就是装扮自己的家，从厨房到客厅、从阳台到卧室，女人会把每一个房间、每一个拐角，都布置得井井有条，打扫得干干净净，把家变成自己觉得最舒服的地方，不管女人看到哪一个角落，都会给她带来幸福的感受。

女人喜欢布置家，其实是对生活的一种享受，也是对美好生活的一种向往。这种积极的情感会给女人带来非常愉悦的感受，因为她知道，当她把家布置得漂漂亮亮时，老公和孩子看到后，都会有非常愉快的表情。对女人来说，看到老公和孩子的微笑，是女人辛勤劳动后的最大收获。

阿兰的老公是一家企业的老板，阿兰衣食无忧，家境殷实，于是她干脆辞去了自己的工作，回家做了一名全职太太，阿兰认为自己目前最大的工作就是把家照顾好。

阿兰辞职回家后，决定先给家进行一次改头换面。她在网上找了一份家庭装扮的设计方案，然后按照装扮的方案，在网上选购材料。由于阿兰喜欢蓝色，她把家里的主基调装扮成了地中海风格，家里的电视背景墙贴上了精美的墙纸。阿兰知道老公回家有

第二部分 幸福女人的生活论

看报的习惯，于是她买了精美的报纸，一款具有按摩功能的沙发。在厨房里，阿兰从超市里买回了口味纯正的巴西咖啡和最新款的咖啡机，这是为女儿准备的。因为女儿每天中午都要喝一杯咖啡。

为了让家里的空气更新鲜，阿兰在客厅布置了几盆有氧绿植，来净化家里的空气，另外她还买了一个大鱼缸养金鱼，为家里增添了更多的生气。

在房间的阳台上，阿兰安置了一个吊篮椅，可以在闲暇的时候，坐在上面晒晒午后的阳光，看看书，欣赏外面的风景，这是多么惬意的一件事情！

每天，阿兰都把家打扫得干干净净，地板擦得一尘不染。做一桌可口美味的饭菜，然后坐在沙发上等着老公和孩子回来一起共进晚餐，看着老公和孩子大口吃着自己做的菜，阿兰心里有种说不出的满足和幸福。

老公和孩子对阿兰的每一处装扮都非常满意，总想一下班后就立即回到家里，这让阿兰非常有成就感。虽然对家的装扮付出了不少精力和心血，但是阿兰获得的却是各种幸福，这让阿兰觉得一切的辛苦都是那么的值得。

女人爱家，就应该布置家，把家布置得充满温暖和温馨。其实，每一个女人天生就拥有布置家的天赋，当女人把这些天赋充分发掘出来，会带给女人许多意想不到的幸福。

会布置家的女人，能够为自己的老公和孩子提供更为舒适的生活环境。家人看到家里的每一处布置都非常完美，会给家带来很多的欢声笑语，对生活充满积极向上的正能量，这有利于家人在外面打拼事业，因为他们知道即便他们再怎么辛苦，哪怕会筋疲力尽，可是心里却有一个天堂般的家，会让他们的疲惫一扫而尽。这些是女人最愿意看到的，也是女人得到幸福的价值所在。

幸福密码

一个会装扮家的女人，一定是一个心思细腻的女人，能把家里的一切都布置得非常妥帖，不给家人任何的后顾之忧，这样家人的快乐也就等于是女人的幸福。

女人要幸福，先从装扮家开始。因为家是幸福的发源地，女人应该从平日的生活中、人际交往中善于观察。不断积累布置家的经验，从而让自己的家成为一家人最幸福的巢穴。

第十六位女性朋友
小琳
家对女人意味着什么

女人的幸福在哪里？毫无疑问，女人的幸福在家里。家在女人的心中比在男人的心中更重要，家是女人的全部、是女人感情的归属地，也是女人受伤后疗伤的最佳港湾。

一个没有家的女人，即便在外面过得如何风生水起，那也是一株没有根的浮萍，一个孤魂野鬼，游荡在万家灯火之间。女人要幸福，就必须要有一个家，家里有疼爱自己的男人、有可爱的孩子、有可口的饭菜、有温暖的灯光……

家可以带给女人更多的温馨、可以给女人带来更多的欢乐，更重要的是家可以为你带来一份安全感、一份安心，家为你盛满了幸福，这些幸福装在家里，是永远跑不掉的，不管女人在外面走了多远的路，受到什么样的委屈，只要回到家，就立即会被这些幸福所包围、笼罩，女人就会感到幸福，伤痛也会很快被治愈。

小琳和小静是一对好闺蜜，两人是高中同学、大学的室友，毕业后又在同一家单位，两人的关系比好姐妹还亲。

小琳人长得非常漂亮，身边总是不乏追求的男孩子，而小静属于那种长相一般的女孩，每次小琳和小静走在一起，小静都会看到男孩的目光都聚焦在了小琳身上。

工作后不久，小静找了一个男朋友，两个人情投意合，很快结婚了。而小琳的男朋友是换了一茬又一茬。对于小静这么快就结婚,小琳曾不止一次地对小静埋怨说:"静儿,干嘛这么早就结婚呀,我们都还年轻呢。女人一旦结了婚,就不自由了,你没听过婚姻是女人的坟墓吗?结了婚的女人哪还有幸福可言?"

小静听着小琳滔滔不绝的话,开玩笑地说:"是啊,我哪能跟我们家的琳儿比呢,你是大美女,还愁嫁,我可不一样,好不容易找到一个合适的,凑合一下算了。再说了,女人要幸福就必须要有一个家,有家的女人才幸福呢。"

对于家的幸福,小琳嗤之以鼻,小琳认为一个人多逍遥快活,想怎么玩就怎么玩、想去哪就去哪,没人管也没有约束。一个人吃饱,全家不饿,那才叫幸福呢!

一个月后,小琳和男朋友分手了,在分手的第二天,小琳就得了一场重感冒,而且发了高烧。尽管吃了药、退了烧，可是小琳感到自己的身体就像一团棉花一样，没有一点力气。躺在床上，小琳心里有点伤感，想喝一口热粥却没有人煮，更没有人对她嘘寒问暖，除了自己，只有电视陪伴自己。

小琳这才想起小静说的家的幸福：有一次，小静也得了重感冒，这可紧张坏了小静的老公，立即送小静去住了院。小静的老公每天熬着热腾腾的鸡汤送去医院，并且一勺勺亲自喂着小静，还不停地嘘寒问暖，好像小静刚经历了一场大手术似的。这一幕现在想起来，小琳感到有家真好、有人照顾真好，如今别说鸡汤了，就连一口热水都没人送到她的床前。

可见，家对于女人来说，是多么的重要，尤其是在女人生病、遇到挫折的时候，这时候家的幸福是让女人坚强的最大动力。女人要幸福，就应该早点成家，建立一个属于自己的安乐窝，这样即便在外面受了什么风吹雨打，还有一个温暖的家在等着她、安慰她。

幸福密码

家是女人的避风港、是女人一生最重要的幸福所在，女人应该尽快地建立属于自己的家庭，享受这份幸福。

有家的女人会延缓女人的衰老，带走女人生活中的许多忧愁，给女人亲情的温暖，这样的女人的生活会时常欢声笑语，享受到生活的甜蜜，所以家是女人最好的滋补品。

第十七位女性朋友
张丽
开一场家庭派对

在西方很多国家，女人往往不喜欢在外面聚餐，而是喜欢邀请亲朋好友到自己的家里，举行一场家庭派对。对于东方女性而言，办一场家庭派对不仅可以给整个家庭带来热闹、人气和快乐，而且这会让女人提升家的幸福感。

办一次家庭聚会可以提升女人的组织能力，女人为家庭聚会买各种需要的材料，然后根据派对的类型，对家进行一番布置，为派对提供场所和空间，当一切准备好后，女人开始打电话，邀请自己的朋友。

当女人打开自己的家门，迎接客人到来时，客人们看到女人精心布置的一切，首先给予女人的是由衷的赞美。女人听到朋友的赞美，是非常快乐的一件事情。接着派对开始，大家一起载歌载舞、推杯换盏，享受着女主人赐予的食物，同时女主人也收到了朋友们的欢声笑语，美好的友情得到了进一步的升华。

张丽和老公结婚快十年了，十年的婚姻生活，往日的激情早已经风轻云淡了。由于老公经常出差外地，和老公在一起的日子也是聚少离多，也让张丽十年下来，感到家庭生活缺乏温暖，幸福指数不高。

随着年龄的增长，张丽越来越感到家庭生活的乏味，每天都是为了过日子而过日子——相夫教子，洗衣做饭，除此之外，就待在家里打扫卫生，看看电视。这样的日子一点趣味都没有，张丽有时一个人在家自言自语地说:"这婚姻生活就像是嚼甘蔗,刚开始的时候甜蜜,接着是越嚼越没有味道!现在的日子就像是嚼了很久的甘蔗,越来越没劲。"

一天,张丽在家看一部美国电视剧,电视剧里播放的那些美国妇女婚后生活非常有乐趣,常常在家里举行派对,邀请邻居或者朋友们到家里来热闹,有时候还带着孩子们。张丽看到美国女人在家里挂满了气球和彩灯,准备了丰富的食物:水果、各色烤肉、蛋糕等,还有红酒、香槟。大家坐在一起开心地喝酒、聊天,说着天南地北各种各样的生活趣事,孩子们在一旁快乐地玩耍着,屋里放着舒缓的音乐,女人快乐极了。

看到这样的情景,张丽一下醒悟了,为什么自己不可以这样幸福的生活呢?

想到这,张丽开始筹划自己的一场家庭派对。当把派对所有的东西都准备好、家也布置好后,张丽打电话给自己的朋友、同学们。

晚上,客人们如约而至,挤满了整整一屋子。大家在一起吃着、喝着、聊着,有说有笑,张丽觉得自己的家从来没有这么热闹过，这种幸福让张丽回味无穷。

有了这次经验，张丽再也不感到生活无趣了，当她感到孤单时，就用家庭派对的方式来幸福自己。

家庭派对可以为家带来热闹，让家不再是一种简单的居住方式，而是一种聚会的方式，这种形式的改变，可以让女人从单纯枯燥无味的家庭生活上升到一种悠闲、娱乐的家庭生活。这不仅给家带来了热闹，而且女人感受到了快乐、感受到了家的乐趣。

家庭派对可以让女人把家变成一个欢快的海洋，而不是一个冷冰冰的巢穴。如果你是一个单身女人，或许还可以从派对中认识更多的朋友，寻觅到属于自己一生的幸福。

幸福密码

女人要善于利用家这个场所，让家变成快乐的场所，为家带来更多的人气，通过办一个家庭派对，打破家的冷清，在家享受人群中的欢乐。

家庭派对的成功不仅有助于提升女人对生活的热情，为女人拓宽更多的人际交往，加深朋友们的友情，而且让女人体会到一种幸福的成就感。

Chapter 5
孩子是维系幸福的源泉

  这些女性朋友们，很欣慰的是有了孩子，孩子让她们在家庭中更能腰杆挺直。
  在对待孩子的教育上，这些妈妈也不容懈怠，孩子的未来也关系着她们的未来。

第十八位女性朋友
丁脉
最恰当的时机要孩子

  孩子是女人一生最得意的作品，有了孩子的女人，才是天下最幸福的女人。那么，孩子什么时候来到这个世上，却在一定程度上影响着女人的幸福。每个女人的情况都有所不同，因而要孩子的时机也不一样，只有在最恰当的时候要孩子，孩子出世后，才能给女人带来最大的幸福，如果孩子来的时机不对，很可能带给女人的不是幸福，而是深深的痛苦。
  每一个女人都需要有自己的孩子，但是女人要幸福，就应该让孩子在最合适的时机来到这个世上，切记不能因为想要孩子，而在最不恰当的时候要孩子，否则孩子降生时，带给女人的将会是一个大麻烦。
  作为女人应该明白，孩子带给自己的是幸福，而不是夫妻生活带来的产品，对于这一点，女人不能太盲目。女人在享受甜蜜爱情的同时，应该考虑到这样做是否会造成严重的后果，如果时机不对，女人应该采取一定的措施保护自己，从而避免因孩子带给自己的伤害。

　　丁脉和男朋友朱阳恋爱五年了，两个人虽然还没有正式领证结婚，但是两个人早已经租了房子，住在了一起，过起了小日子。在丁脉的心里，男朋友朱阳已经是自己的丈夫了，丁脉有时憧憬着今后和朱阳在一起的幸福生活，有一个属于他们自己的家，房子漂亮而温馨、丁脉知道朱阳特别喜欢小孩，每次看到同事们的孩子时，朱阳都会上去抱一抱，因此丁脉特别想给朱阳生一个孩子。然而，丁脉和朱阳虽然恋爱了五年，但是他们的事业才刚刚起步，而且还没有买房子，所以两人迟迟还没结婚。

　　每次两人在一起亲热的时候，丁脉就特别想给朱阳生个孩子，她想如果他们有了一个孩子，就等于有了一个完整的家，那该是多么幸福的一件事情啊！

　　有一次，丁脉过生日，朱阳为丁脉准备了一个大蛋糕，蛋糕上面写着："丁脉，生日快乐，永远爱你！"另外，朱阳还特意为丁脉准备了几个小菜，点起了蜡烛。虽然这个生日过得很简单，但是丁脉却觉得浪漫而温馨，觉得很幸福。因为这个生日蛋糕，还有桌上的饭菜是朱阳亲手精心为她准备的，这比得上任何的山珍海味。

　　晚上，两人亲热的时候，丁脉有意没有采取安全措施，她想自己既然那么爱朱阳，就给他生个孩子吧。

　　果然，一个月后，丁脉发现自己怀孕了。然而，此时这个孩子来得太不是时候，因为两个人不仅还没有结婚，而且连自己的房子都没有，更重要的是两个人的薪水还负担不起。

无奈之下，两人只好登记结婚了，草草举办了一个简单的婚礼，九个月之后，孩子诞生了。可是，丁脉发现随着孩子的诞生，并不是自己原来想象的那样幸福，反而给自己带来了更多的麻烦，生活上、工作上都因为孩子出现了问题。有一次，因为抚养孩子的经济问题，原本幸福的小两口吵了一架，这让丁脉觉得非常伤心，后悔不该让这个孩子这么早早地来到这个世上。

有孩子固然是一件非常幸福的事情，但是女人想要孩子，应该看准时机。如果自己和老公一起都还立足未稳或者还不能够承担养活孩子的重任，那么这个时候孩子便会变成一种累赘。一个孩子可以让女人焦头烂额，成为女人的大麻烦，因此，这个时候的女人应该大胆一点，不要那么着急要孩子，多享受一下二人世界的清闲和快乐。女人应该明白,在时机未到的时候,不要孩子会比要孩子要幸福得多。

幸福密码

women在男人事业稳定,有了一定的经济实力、有了属于自己的房子、没有了其他什么后顾之忧,在这个时候选择去造人最合适。

女人应该趁着自己年轻,不妨和老公一起多享受一下二人世界的快乐,一旦有了孩子,这个幸福的世界就一去不返了。

第十九位女性朋友
赵红梅
好孩子的幸福

作为母亲,最大的愿望就是希望自己的孩子是一个好孩子,不误入歧途,否则这个女人必定会痛苦一生。女人要幸福,就要引导自己的孩子向好的方面发展,把孩子培养成乖巧懂事,善良温顺,知书达理,长大后能够对家庭、社会有用的人——这是女人所希望的幸福。如果你的孩子不是一个好孩子,那么女人该怎么办呢?女人在这个时候,不能对孩子太过失望,只要用正确的教育方法,说不定你的孩子还可以成为一个有用的人,把一个坏孩子转变过来。

一个孩子再怎么品行不良,但是他的内心深处还是保持着一丝善心未泯,只要能够触动孩子内心深处的这份良知,就可能把孩子从迷途中拉回来。这个时候,母亲将扮演非常重要的角色,因为孩子和母亲是最亲的。利用血浓于水的母子关系,找到最能触动孩子内心最柔软的地方。

吴厚文不是一个好孩子,在学校里,不认真学习,拉帮结派,经常干偷鸡摸狗的事;有时,在同学之间敲诈勒索、惹事生非。在学校,班主任老师根本管不住这个孩子,他的父亲常年在外出差,根本没时间管这个孩子,看着孩子一天天变坏,作为母亲的赵红梅,决定要拉回自己的孩子,不让孩子继续坏下去。

在很多人的眼里,吴厚文是品德恶劣的孩子,知子莫若母,赵红梅相信自己的孩子本质并不坏。

高考时,吴厚文以两分之差名落孙山,孩子没了信心，也没有复读的勇气，决定放弃再次复读。可是，赵红梅觉得儿子仍旧有上大学的希望。然而，吴厚文是一个倔脾气，赵红梅知道这个时候好言相劝是没有用的，当儿子回到家，推开门的时候，迎接儿子的竟是赵红梅的一记耳光。赵红梅似乎还不解气，还踢了他一脚。吴厚文没有任何反应——这一下子把他打蒙了。正在吴厚文不知所措的时候，赵红梅却对他喝道："你给我跪下！"

吴厚文没按照母亲说的办，怒火中烧地吼着："你凭什么打我？"眼看就要和母亲动手。

"就凭你那两分。"母亲回答。

赵红梅接着说："儿子，你知道吗？从你上学的那一天起，我就对你寄予厚望。你打架、敲诈低年级同学的钱物，我从没有亲自找过你。因为我知道你很聪明，你应知道自己该怎么做，一定能考上你理想的大学。可是，结果怎么样？你不仅对不起我，你更对不起的是你自己和你年迈的父亲，你就是天，我也要揍你。你给我跪下好好想想!"说完,赵红梅拉开房门出去了,把吴厚文一个人留在了里面。

半个小时以后,赵红梅回来了,却看见儿子跪在地上,两眼还含着泪水。赵红梅走过去,没说一句话,而是给他递了一块毛巾,让他擦干泪水。

第二天,吴厚文来到学校,参加了复读。第二年,他以优异的成绩考入了南开大学,后来留学日本。留学回国后,成了上海一家跨国公司的CEO。

看着儿子从坏孩子到好孩子的转变,赵红梅觉得当时那重重的一耳光打得是多么的值得,赵红梅从每天对孩子的忧心忡忡变成了喜笑颜开,因为她为自己有这么一个好儿子感到骄傲和幸福。

当你的孩子是一个顽劣的孩子时,有时候可以采取软硬兼施的办法,收起女人絮絮叨叨无休止的说教,停止你劳心费力的监管,找一个能触动孩子内心的方式,一次性让孩子浪子回头。

通常而言,一个坏孩子常常缺少外人对他的关注和赞赏,孩子容易自卑和叛逆,这个时候孩子的内心最相信的人往往是自己的母亲,这时女人应该用"我就对你寄予厚望""我知道你很聪明",同时又拿出做母亲的威严来,用这些办法来击溃孩子心理的那道"防线",直接唤醒孩子心底积极向上的一面,让孩子痛改前非。

如果能把孩子从坏的方面转变过来,这对女人而言,本身就是一种莫大的幸福。

幸福密码

有一个好孩子对女人而言,是多么的重要,因为孩子的幸福就是女人的幸福,只有让孩子好,女人才能幸福。

坏孩子并不是无可救药,女人只要找到适当的方法,就可以把坏孩子变成好孩子,由悲伤不幸变得幸福快乐起来。

第二十位女性朋友
高群芳
帮助孩子创事业

鹰隼最高兴看到的事，就是小雏鹰能够展翅飞翔，自己寻找食物，拥有养活自己的本领。女人也是，每个女人都希望自己的子女长大后能够有出息，望子成龙、望女成凤是每一个女人的夙愿。孩子有了一份好的事业，一辈子就不会受太多的劳累，能过上高质量的生活，这样母亲才能安心，才有幸福感。

可是，现代社会竞争太激烈，不论是找一份好工作还是自己创业，都是十分艰难的。如果你的孩子还没有一份正式的工作，那才是母亲最发愁的事情。女人要想幸福，就应该帮助孩子去创建自己的事业。当自己的孩子前途似锦，拥有光明的前途，就可以彻底脱离父母的庇护，用自己坚硬的翅膀，自由翱翔于广阔的世界中。

小张大学毕业后，一直没有找到一份好工作。由于自己学的是冷门专业，勉强在一家制作蛋糕的食品公司工作，每一个月的薪水只有一千多元，除了自己吃喝、房租外，基本上属于"月光"一族。

眼看小张岁数一年年增大，既没有女朋友，也没有房子，这让小张的母亲高群芳非常着急，看着左右邻居的孩子一个个都成家立业了，她白天度日如年，晚上辗转难眠。

可是，这干着急也没有用，俗话说得好，欲先攻其事，必先利其器，孩子没有好的事业，谁家的姑娘愿意跟着自己的孩子受苦呢？

为了让儿子能够有份好的事业，改变家庭不幸福的现状，高群芳决定帮助儿子去创业。高群芳先去了一家蛋糕店一边打工，一边学习蛋糕制作工艺，一年后，高群芳辞去工作，拿出自己多年的积蓄，又向朋友借了一些钱，盘下了一家蛋糕店。

刚开始的时候生意不景气，高群芳并没有要求儿子回来帮忙。随着高群芳做得蛋糕渐渐有了名气，生意逐渐红火起来，到她那里订蛋糕、买蛋糕的人越来越多。

有时，高群芳实在忙不过来了，这时她感到是时候让儿子回来接管她的事业了。于是，让儿子从食品公司辞职，回家做了店老板。

由于小张在蛋糕制作公司工作多年，有着丰富的蛋糕制作经验，自己制作出来的蛋糕不仅外形漂亮，而且口感非常好，比母亲高群芳的蛋糕卖得还要畅销。小张刚进店一个月，利润便是在食品公司上班一年的薪水。看着儿子完全能够掌管店里的生意，高群芳喜上眉梢，决定退下来。

小张的蛋糕店越做越红火，一年后，小张决定扩大自己的店面，开了一家分店。分店开张不久，小张交了一个女朋友，于是小张把分店交给女朋友打理。

高群芳看着孩子们每天忙得不亦乐乎，事业蒸蒸日上，那种幸福感荡溢在整个心间。

孩子的事业关系到孩子的前途命运。如果孩子有一份好工作、好事业，母亲在家会心里暗暗欢喜；如果孩子没有好工作，过得很辛苦，母亲自然会日日哀叹。可是，世界上不是所有的孩子都能自己找到一份好的工作，但是世界上所有的母亲的心情却是一样的。因此，女人要幸福，就应该去尽自己最大的努力，帮助自己的孩子去建立一份自己的事业。也许在这个过程中，会遇到一些艰难，但是一旦成功了，女人就可以幸福了，不用每天提心吊胆了，可以睡得踏实，吃得香甜，日子过得才会幸福而舒服。

幸福密码

以自己的社会经验，为孩子指明一条前进的方向，让孩子朝着有前途的地方去努力，这样才能成功。

如果你是一个有经济实力的女人，可以适当拿出一点，作为孩子创业的资本，也许你的孩子很聪明，只是苦于没有起步资本。

第二十一位女性朋友
李大姐
别忘了孝顺

有这么一句著名的诗句:"谁言寸草心,报得三春晖。"孝顺不仅是日常生活中的一种传统美德,更是一个人善心、爱心和良心的综合表现。

如果你的孩子能够孝敬父母、尊老爱幼,那这个女人无疑是幸福的。一个女人最大的幸福不是来自孩子长大后,能够功成名就,取得一定的地位,挣多少钱,而是来自一个孩子的孝顺。如果一个孩子不孝顺,那么即便这个孩子多么有成就,对作为母亲的女人来说,一点也不会感到幸福。因为女人十月怀胎,二十年生养,把自己的孩子抚养成人后,最大的愿望是孩子能够孝顺自己。如果孩子长大后,不孝顺自己的母亲,无疑是对女人最大的一种打击。

为了避免这样的情况,女人应该从小对自己的孩子灌输孝顺的思想,让自己的孩子谨记一条:万事孝为先,让孩子从小就懂得应该孝敬父母。

李大姐和刘大姐是住在一个小区的老姐妹,同时还是上下楼的邻居。李大姐养了一个儿子,今年28岁,在本市工作;而刘大姐养了一个女儿,今年27岁,在外地上班。

可是,同在一栋楼里生活的一对老姐妹,生活的滋味却是天壤之别。由于李大姐从小对自己的儿子娇生惯养,儿子长大后,对李大姐一点也不孝顺。

儿子结婚时,向李大姐要了20万元,在本市买了一套房子。儿子结了婚，有了自己的家庭后，很少回来看望李大姐，甚至逢年过节都不回来。李大姐对自己的儿子不孝顺，既感到悲伤，又感到无奈，每天心里像压了一块石头，觉得日子没有了滋味。而刘大姐过得却非常开心，虽然女儿在外地，可是女儿每天都要打电话给刘大姐，到放假的时候，女儿都会从外地赶回来，拎着大包小包，回来看望刘大姐。回到家后，女儿会主动帮着刘大姐收拾屋子，洗衣做饭，晚上还给刘大姐做按摩，说着外面发生的趣事儿。

刘大姐一边享受，一边乐呵呵地听着女儿说的故事，不时发出"哈哈"的笑声。刘大姐沉浸在了女儿的孝顺中，感觉幸福极了。

每到逢年过节的时候，李大姐看到刘大姐的女儿回来，看着刘大姐幸福的样子。李大姐就备感失落，后悔自己在儿子小的时候没有给他灌输孝顺的理念，而现在木已成舟，一切都晚了。

佛说："佛向性中作，莫向身外求；在家敬父母，何必远烧香。不能尽孝，如何礼佛？不能奉亲，如何悯人？尽到孝道，才能修得佛道。"

对于女人而言，从怀孕那一刻起，女人就开始用毕生的心血来浇灌孩子这棵生命之树。作为女人，虽然不想自己孩子有多大的回报，可是，女人还是希望自己的孩子能够理解自己的养育之恩和培养自己的良苦用心，不能把父母的养育之恩看作应尽的义务，而是能够及时地尽孝。

树欲静而风不止，子欲养而亲不待。所以，要想自己的孩子长大后能够孝顺自己，女人应该在孩子小的时候，就灌输孩子孝顺的思想。女人应该让孩子孝顺自己，这是女人应该享受的幸福。

幸福密码

俗话说，惯儿多不孝。女人在抚养孩子的时候，不应该太过娇惯自己的孩子，孩子娇惯久了，心中孝顺父母的观念也就淡薄了。

女人应该在孩子小的时候，就让孩子学会"孔融让梨"的故事，体会母亲生儿、养儿的艰辛，长大后好孝顺母亲。

Chapter 6
婚姻、生活皆圆满

不少女性朋友认为，婚姻并不一定是爱情的坟墓。聪明的她们总会想着怎么经营，让她们更能站得住脚。

第二十二位女性朋友
刘蓓
家和万事兴

俗话说：家和万事兴。一个家庭和和睦睦，女人才会幸幸福福地过日子。如果一个家庭整日吵吵闹闹，硝烟弥漫，那么女人必定过得是水深火热的生活。诚然，夫妻之间过日子，两个人每天在一起，难免会产生一些摩擦——发生争吵，牙齿和舌头也有相碰的时候。但是，如果一个家庭三天一小吵，五天一大吵，那么这个家庭就不会幸福了。

我们都知道，好多争吵都是因为日常的琐事引起的，夫妻之间没有调解好小矛盾、小误会，以致这根小导索线，最后引燃了炸药包。

那么，女人要幸福，就该学会化解这样的矛盾，及时掐灭正在引燃的导索线，让整个家庭回归风平浪静。

刘蓓的老公是一个脾气急躁的人，有什么事情一不顺心，就着急上火，这每每让刘蓓非常得不开心。刘蓓自己是一个外柔内刚的人，如果真的顶上了，也是一个倔脾气，八头牛也拉不回来。

为此，结婚三年了，家里就像地球上的中东地区，战争从来就没有断过。

前天下午，刘蓓的老公打电话给刘蓓，让她晚上早点回家，早点做饭。因为吃完晚饭，他还要出去，替一个朋友看一套房子。

刘蓓答应了，可是快要下班的时候，领导让她帮忙去寄一份快递，耽搁了半个小时。等刘蓓老公回到家的时候，刘蓓的米还没下锅。刘蓓老公看到饭不仅没有做好，而且还比平时晚了半个小时。他一下子火了，说刘蓓为什么明知道自己有事，还把饭做得这么晚。

刘蓓本想和老公解释一下，为什么回来晚了，可当她看到老公一回来，不问青红皂白，就数落自己，就故意说："我就是回来晚了，我就是把饭做晚了，你爱吃不吃，不吃的话，请到外面吃去！"

刘蓓的老公听到她这么一说,更加火了。两个人三言两语吵了起来,刘蓓气不打一处来,索性干脆不做了。刘蓓的老公见她撂了挑子,拿起衣服,摔门而去。

老公走了,刘蓓气得在沙发上抹眼泪。正好这个时候,电话响了,是刘蓓的妈妈打来的。刘蓓正好把所有的"苦水"统统向妈妈说了一遍。

妈妈听了后,笑着说:"你呀,还是大学读书时候的倔脾气,现在都已经是结了婚的人,你要学会让家庭和睦。夫妻两个人吵嘴,就像两个小孩打架一般,两个都有责任。你老公是一个暴脾气,你就要是一个软脾气,这样他再怎么发火,也只能是一拳打在了棉花上。如果你不放在心上,那么一切就风轻云淡了,如果你总是硬碰硬,受伤的还是自己。家和万事兴嘛。你看我对你爸就是这样的呢。"

晚上,刘蓓想了想妈妈的话,觉得有点道理,她决定改变战术,对待自己的老公。

从那以后,刘蓓采取了以柔克刚的战术,不管老公如何发火,刘蓓总是不上火,老公渐渐地火也消了。

一段时间后,刘蓓发现家里平静了许多,老公也不像以前那样火气大了,刘蓓觉得生活幸福了许多。

居里夫人说:"周围的人能够互相密切合作,才是世界上唯一真正幸福的家。"中国人说:"家和万事兴",幸福的婚姻生活,关键在于一个"和"字。

家和万事兴,对于女人而言,"家和"是你获得财富和幸福的基础、是社会稳定的基石、是人生旅途中温馨的驿站。和谐家庭中的成员间彼此相处融洽,互谅互慰,充满温暖。他们组成了一个充满爱、尊重、责任、谅解、幸福、温暖的小社会。在这样的家庭中生活的人心情愉快、放松、会有更多的精力投入工作中，为家庭创造财富，同时也会因为各个家庭成员对于家庭的回报而使每一个人体会到幸福、快乐。

幸福密码

退一步海阔天空，夫妻之间没有什么深仇大恨，女人应善于以和为贵，因为家庭和睦只会带给女人幸福，反之则对女人伤害会更大。

如果女人实在不能忍受老公的数落，就把老公的话当作耳旁风，让它轻轻地拂过。

第二十三位女性朋友
罗玉珊
保持婚姻的新鲜

很多结婚多年的女人都会有这样的感慨:"婚姻生活就像瓦罐里养的乌龟,一年不如一年,日子过得像白开水,一点劲头都没有,幸福指数呈自由落体状态。有的女人甚至不记得当初为什么要结婚,因为自己的婚姻死气沉沉,如一潭死水,两个人在一起只是凑合着过,女人甚至想早点散伙,来结束自己那令人感到麻烦而又无趣的婚姻。

女人之所以感到婚姻不幸福了,那是因为她们没有去保持婚姻的新鲜。婚姻的圆满在于女人要去经营,就如养护,只有时常给花浇水、除草、翻新土壤,才可以让花越开越鲜艳。只有保持婚姻的新鲜,才可以让夫妻之间保持永久的激情,感情才会越来越深。如果女人不去保持婚姻的新鲜,那么即便原本再恩爱的两个人,都会经不起岁月的冲刷,变得冷淡下来。婚姻变得无趣了,男人就会在外面寻找新鲜感,一旦男人禁不起外面的诱惑,就很容易做出伤害女人的事情。

结婚之前,罗玉珊对自己的男朋友非常满意,两人情投意合,只谈了一个月,就闪电般地结婚了。

如今,十年的婚姻过去了,可罗玉珊每天过得如同新婚般的幸福,老公越来越疼爱她,罗玉珊的秘诀就是她善于保持婚姻的新鲜。

在明白这个道理之前,罗玉珊也经历了一段婚姻的低谷时期。罗玉珊清楚地记得,那是婚后第三年,老公总以工作忙为借口,从不陪罗玉珊逛街,对家里的事情也懒于伸手。罗玉珊明显感到老公没有以前那么体贴了，两人之间好像缺少了些浪漫，更不用说有什么激情可言。日子长了，婚前的甜蜜没有了，取而代之的却是生活中夫妻俩的吵架、拌嘴。

与婚前相比，那个时候，老公特别勤快，而且体贴入微，每当她逛街的时候，老公总是耐心地陪在身边，没有任何怨言；每个月当她生理期快要到了的时候，老公都会买回红枣、阿胶等补血品，会主动去洗衣服、烧饭——做家务。那个时候，罗玉珊感到特别的幸福，可是现在老公对自己越来越冷淡了。罗玉珊想了很久，原因就是结婚时间越来越长，婚姻也越来越平淡了。罗玉珊原本以为，有了一纸婚书，就可以将爱情永久保存下来，因此，在婚后的夫妻生活中就多了几分随意，也没有打理自己的婚姻，所以才造成现在的局面。

想通这个道理后，罗玉珊决定让婚姻的花朵重新绽放。有一次，老公生日，她精心为老公准备了一个浪漫而温馨的烛光晚餐，炒了几个拿手的菜，让老公回到恋爱时的感觉。

还有一次，罗玉珊想增加夫妻之间的感情，特意从网上购买了一款情趣内衣。当自己晚上穿上新买的内衣，展现在老公的面前后，果然引起了老公的兴趣，那晚罗玉珊度过了如同新婚之夜般的喜悦。

从这以后，罗玉珊懂得了让婚姻保鲜的道理，女人只有让婚姻生活鲜活，才会幸福起来。

很多女人把婚姻看成了是爱情的结果，那么婚姻就会显得平淡寡味。女人总是想着爱情的结果应该是两个人白头到老、子孝孙贤，这就是幸福，其实并不是这样。所以很多人才会说"婚姻是爱情的坟墓"。

婚姻不是一朝一夕的事情，它需要女人精心地去维护和经营，让婚姻的新鲜感始终保持下去。只有新鲜的爱情，才是最美好的、才是最有味道的、才是男人和女人最想品尝的。

幸福密码

婚姻就像泡茶，不能够只顾着去喝水，而忘了去添加茶叶，否则只会越变越淡，最终会失去茶的味道。

女人的婚姻幸福与否，并不在于富贵贫贱，而在于女人能不能保持婚姻的新鲜度，在婚姻中让爱情保鲜，婚姻才能充满光彩，男人才会越来越爱女人。

第二十四位女性朋友
琳琳
幽默是幸福的催化剂

在家庭生活中,女人会遇到这样的情形:你正在和你的老公相互指责对方的缺点,谁也不会承认自己有什么过错,眼看争论就要升级成"战火"了,这时女人突然改口说:"我承认,你很多方面都比我强。""那当然。"赢得争论的男人显得很得意。"有一点最为明显。"女人进一步说。男人更加得意地问:"哪一点?""那就是你的爱人比我的爱人更懂得谦让。"男人听后忍俊不禁,一场争论就这样结束了。

这样的女人既是聪明的,也是幸福的。女人善于幽默,那是一种生活的艺术,幽默含蓄的语言能够调节家庭的气氛,一句玩笑话可以让阴霾瞬间散去。这种语言的艺术,留下一定的想象空间,让对方去咀嚼回味,从而营造出轻松浪漫的家庭氛围,这是家庭幸福不可缺少的气氛。

琳琳的老公是一个不修边幅的人,而且还不喜欢别人说他邋遢。可是,这对于爱干净的琳琳来说,简直无法忍受,可是又不能说得太直白,否则老公会生气,甚至还会吵架。

有一次,琳琳看到老公的衣服太脏了,都不脱下来洗一下,实在忍不住了,便对老公说:"我知道,你对我非常的忠诚,肯定不会有外心。因为有外心的男人最讲究仪表了。"老公听了哈哈大笑,意识到自己的衣服早该换一下了——有点惨不忍睹了,立即去卫生间洗了一个澡,换了一身干净的衣服。

还有一次,琳琳和老公晚上吃完饭,一起坐在沙发上看电视剧。可是琳琳喜欢看一部有关爱情的电视连续剧,但是老公却要看一部"二战"时期的战争片,两个人为看哪一个台争了起来,眼看火药味越来越浓了。

这时,琳琳丢下电视遥控器,嘟着嘴说:"我们要生活在二战时期,就一定不会嫁给你,我就嫁给希特勒!"

琳琳的老公听她这么一说,追问:"你喜欢希特勒?"

"哼,我才不会喜欢这么恶毒的人,如果我嫁给他,就不会发生第二次世界大战了,那样就不会有人跟我抢遥控器了!"

"哈哈!"听了琳琳这么一说,刚才还有一点生气的老公心情大好起来,抓起沙发上的遥控器,扔给了琳琳,说:"好好好,为了能娶到你,不让你嫁给希特勒,我把遥控器还给你还不行吗?"

听了这话，琳琳也笑了，愉快地接受了老公的馈赠，看自己喜欢的电视剧了。

很显然，幽默并不是讲低级笑话，它是女人的一种生活智慧，让自己既不自怜自悯，也不妄自菲薄。平淡的婚姻中，女人需要承受来自方方面面的压力，难免会时常抱怨，会和自己的老公发生争执，那么女人如何获取幸福，缓解压力呢？如果女人不停地絮絮叨叨，不仅对男人起不了作用，反而会招至他的反感；如果女人太过和男人争斗，就很容易发生家庭战争。所以，婚姻中，女人要幽默，这其实是女人保护自己，获取幸福的秘诀。但老公听到妻子俏皮的话，露出了笑意后，当然会表现出男人的大度，因为你保全了男人的面子。

女人的幽默，体现了一种勇敢与自嘲的精神，是大都市特立独行女性的特征。一个懂得幽默的女人，她不一定美丽，但却是智慧的，善解人意的。这样的女人喜爱生活，懂得用自己的方式面对难解之情，用微笑放松自己。她们既没有"储存快乐、过时作废"的担忧，也没有"怨艾郁积、累累成愁"的隐患，她们之所以招人所爱，是因为她们懂得生活、懂得用幽默的花香让自己开心，又能达到自己的小目的。

幸福密码

爱尔兰作家肖伯纳说："幽默是一种元素，它既不是化合物，更不是成品。"女人要善于发挥这种元素，让家庭生活中发生幸福的化学反应。

女人幽默不仅显露了她的睿智与才华，更可展示她的风采与魅力，幽默是女人心灵的光辉与智慧的丰富、是女性心灵的处方。

第二十五位女性朋友
康妃
留点秘密给自己

英国女作家凯瑟琳说:"婚姻是我们一生最美好的一段时光,它看似平淡,好像是每一个人不可避免的遭遇,就像吃饭穿衣一样,然而婚姻却是世间最稀罕、最神秘的一件事。如果处理不好,男人和女人可以为爱情自杀,或远走高飞,什么名誉、学问、事业,都会全不顾及。"爱情是神圣不可亵渎的、是女人一生幸福的追求。然而并不是每一个女人遇到的第一个男人就是她的真命天子,而男人最忌讳的就是女人有关她的前男友或前夫的事情。

女人往往不懂得这一点,认为既然已经结了婚,夫妻之间就没有什么可以不说的,也没有什么好隐瞒的,处在婚姻中的女人有时会很盲目,她们的眼睛被婚姻所蒙蔽,迷失了方向,失去了理智的判断,于是,女人喜欢把自己的全部人生经历都与老公和盘托出,以此证明自己是多么爱自己的男人、想以此来获得男人的信赖,得到一生的幸福。可是女人忘了男人都是会吃醋的动物,都有大男子主义,一旦你说出你以往的感情经历,有时会起到适得其反的效果。

女人要想幸福一生,让婚姻圆满,必须给自己留点秘密。

康妃和男朋友张洋恋爱三年了,两家父母也催促两人快点结婚,如今康妃和张洋事业都已经稳定,房子也装修好了,可谓是万事俱备了。

于是,两家人选好了一个黄道吉日,准备把康妃和张洋的终身大事给办了。

看着张洋为自己忙着结婚的事情,康妃有种说不出的幸福，每天的脸上都洋溢着幸福的喜悦。

周末，康妃把自己打扮得漂漂亮亮，男朋友张洋也穿得非常的帅气，因为他们要去民政局登记，领结婚证了。

当康妃拿到鲜红的结婚证小本时，看着和老公在一起的头像，康妃觉得自己是世界上最幸福的女人，因为她终于结婚了，嫁给了张洋，从此以后，自己成了他的妻子。

晚上，两个人去了一家西餐厅，打算为今天领证好好庆祝一番，而且一向都不喝酒的康妃，还特意要了一瓶红酒。小两口一边吃着西餐，一边品着红酒，幸福萦绕在康妃的心头。

几杯红酒下肚之后，康妃开始说自己是多么地爱张洋，这一生一世都会爱他一个人，现在能成为他的妻子，康妃觉得自己是世界上最幸福的女人。接着，她又说到她以前的感情经历，说她的前男友如何对她虚情假意，让她饱受了一段多么痛苦的日子，甚至连自己和前男友何时进行第一次初吻，何时把自己第一次交给前男友的过程，都统统地告诉了张洋。

康妃完全沉浸在结婚的幸福之中，完全没有注意到此时的张洋已经变了脸色。等到康妃真正清醒的时候，已经是第二天早晨了，她不记得昨晚喝了多少酒，说了多少话。

然而，康妃发现自己的老公张洋不见了，只留下一封信在桌上。信上，张洋说要与康妃离婚了，原因是张洋介意康妃的过去，他不能接受一个不完整的女人。

当康妃读完信，如同晴天霹雳，突然想起昨晚上所说的话，她知道张洋是一个完美主义者，所以恋爱的时候，从来没有提自己的过去，她本想把这些经历带进坟墓里，可是现在后悔已经晚了，因为自己把所有的秘密都告诉了张洋。

看着张洋的信，康妃伤心极了。

一个成熟的女人会懂得留一点秘密给自己，尤其是涉及自己以前情感的事情，因为那是男人最忌讳的东西。这些事情本就是女人心上已经愈合的伤疤，如果你想要向你现在的男人证明你的真心——揭开伤疤，那么男人看到的并不是一颗为他跳动的心，而是一个令人作呕血肉模糊的伤痕。

留点秘密给自己，女人就多了一份幸福的保证，而要想使自己的幸福保持得更长久，适当地保留一些秘密更是必需的，同时，这也是一种婚姻的智慧。

幸福密码

只有完全成熟的人，才有真正的秘密；不太成熟的女人，只有暂时的秘密，不成熟的女人，则根本没有秘密，而没有秘密的女人得不到长久的幸福。

女人应该学会守住该守住的秘密，其实这才是爱老公的表现、这才是正确的经营婚姻之道。

第三部分
幸福女人的社会学

她们之中有不少人是不愿意成为「黄脸婆」「家庭主妇」的,她们就会走出去,和男人们平起平坐。

这些大胆的女性也认为,靠天靠地不如靠自己,如果没有事业,迟早会被抛弃。

Chapter 7
有自己的事业线

自己又不是花瓶,何必天天养在家里?女人,就应该对自己狠一点。她们事业有成,男人也会对她们悠然生敬,不再认为她们只是丈夫的附属品。

第二十六位女性朋友
郑洁
女人要靠自己养活

如今,衡量一个人事业的成功,往往以他的财富值来计算。一个女人财富值的大小,决定了她事业线的长短。

有人说,男人通过征服世界来征服女人,而女人则通过征服财富来征服世界。在某种程度上说,女人比男人更懂得精打细算、更懂得如何理财。

众所周知,影响幸福的因素有很多种,而其中一个最大的因素就是财富,女人常说:有钱就幸福。因为财富可以带给她们丰厚的物质生活和精神享受。

女人要想生活得快乐,就不能把希望寄托在别人身上,即使男人有多么爱你、多么愿意为你付出,切记,他只能是你生活中的备用方案,所以,年轻的你首先需要有赚钱的本领。当女人自己的腰包鼓鼓,就不会伸手向男人要钱,自己的钱想怎么花，就可以怎么花，那样才是幸福的女人。

郑洁是一个事业型女人，本身的家庭条件也很不错，是一家跨国集团董事长的女儿。按理说，像郑洁这样的女孩，根本不愁没有钱花，完全是一个千金大小姐的命。

可是，郑洁刚大学毕业，就自己找了一份工作，虽然每个月的薪水不多，但是养活自己没问题。她说："即便今后嫁了一个有钱的老公，但我还是会自己去挣钱，然后合理利用自己的钱，女人得靠自己养活，因为自己的钱可以随便花，那才叫一个痛快！"

果然，经过家人的介绍，郑洁和另一家企业老板的儿子结婚了。结婚后不久，郑洁就生了一个孩子。可是，孩子刚过满月，郑洁就收拾收拾东西去上班了。郑洁的老公和家人出自对郑洁的心疼，就劝说让她不要再去上班了。老公更是给了她一张钻石级信用卡，说里面的钱可以随便花，想买什么就买什么。

然而，郑洁看着手中的信用卡，笑着还给了老公，说："这里即使有再多的钱，都是你的钱，不是我的钱，我花得一点也不会舒服，我要花我自己挣的钱，那才叫一个幸福！"说完，郑洁上班去了。

　　每次发薪水的时候，郑洁第一件事情就是去大吃一顿，来慰劳自己一个月的辛苦，然后去逛街，买自己喜欢的衣服、鞋子，最后把剩下的钱存起来，去做一点投资理财，当作备用金。

　　在别人眼里，郑洁是一个富家女。可是郑洁心里清楚，自己的幸福日子都是靠自己打造的，没有花家里的一分钱，也从来没有伸手向老公要过钱。郑洁靠自己的工作来养活自己，自给自足，觉得特别有成就感，每天都开心而满足着。

现代社会，女人大多喜欢靠自己的努力打拼事业，获得财富，因为有钱的女人会更具魅力、会活得更加幸福。

　　所以，女人必须时刻记住：任何时候，都要掌握一定的挣钱技能。因为女人靠父母，父母不能管你一辈子；靠老公，老公心里会觉得你是只会伸手向他要钱、靠他养活的女人。女人靠青春吃饭的时光太过短暂，任何女人的青春都会消逝，所以女人要学会用自己的能力来努力工作，拥有一份自己的事业。

幸福密码

　　找一份稳定的工作，有固定的薪水，女人要打造一个属于自己的事业，这样女人才会避免因金钱问题而产生家庭矛盾。

　　女人需要藏一点私房钱，不能把所有的钱都拿出来给老公，否则当你伸手再向老公要钱的时候，就不再那么自由了。

第二十七位女性朋友
西蒙
我是"女汉子"

格力集团总裁董明珠曾说:"我是一个敢想敢干的女人,一个女人最大的幸福就是做自己想做的事情,就是用强烈的使命感迎接一个又一个的挑战。"可见,做一个"女汉子"也是一种幸福。

女人强势,是一种对人生非常自信的表现。女人应该像男人一样,对事业充满激情,摆脱女人相夫教子的传统观念,勇敢前进,不断追求、尝试、学习新事物,挑战着、努力着,女人的每一天过得才会有意义。

女人一旦具有勇于挑战、勇于冒险的精神,就能够活得比现在更好,会从平淡无趣的生活中走出来,过一种更加激动人心、充满激情与挑战的生活,这种生活会激励着女人永远向前,不断超越自我,在超越中享受成功和幸福。

> 西蒙是一个事业心很强的女人,西蒙曾经对同事说:"自己是先立业后成家的人,如果不闯下一番事业,自己是绝不会结婚的。"
> 的确如此,西蒙在一家广告公司担任广告创意小组组长,在工作上她总是挑难度最大的案子做。有时为了想好一个创意,西蒙连续一个星期在办公室加班,吃的是简单的泡面、睡的是办公室的沙发。西蒙的老公曾劝西蒙工作不要这么辛苦,家里的钱也不是不够花,工作不用那么拼命,可是西蒙却说这不是辛苦,而是一种享受。

每次西蒙把一份完美的广告策划案交给客户后，客户露出满意的笑脸时，她觉得特别有成就感。即便是受了再多的苦、加了再多的班，这种苦尽甘来的喜悦让西蒙备感幸福。

　　在公司里，西蒙简直就是一位"女汉子"，深得老板器重和同事们的喜爱，因为每次西蒙的创意小组给公司带来的利润最大，而西蒙小组成员每一个月发得奖金最多，这些对西蒙来说，便是幸福。

　　不到一年，西蒙就被提升为公司广告策划部的主管，在这么短的时间里，职位就迈上了一个大台阶，这让西蒙心里美滋滋的。可是西蒙却并没有因此而满足，在积累了一定的工作经验和客户资源后，西蒙辞掉了薪水颇丰的工作，开了一家小广告公司，自己做了老板。

　　可是老板并不是那么好当的，西蒙感到自己每天的工作量，是原先的好几倍，虽然很辛苦，但是西蒙觉得累并快乐着。

渐渐地，西蒙的小广告公司步入了正轨，开始扭亏为盈了，这让西蒙干劲十足。一年下来，小广告公司接下了好几个大单，赚了好几百万。

西蒙尝到了做老板的甜头，决定开拓更广阔的市场，将自己的公司做成一家大广告公司。

有人说女子无才便是德，那是指封建社会的女人，如今活在当下的女人就应该能够巾帼不让须眉。据科学家研究发现，女人在能力和潜力上在某一种程度上高于男人，因此男人能够做的事情，女人都可以做得更好、更出色。

成功不是男人的专利，家庭不是女人的活动范围，女人应该和男人一样，勇敢地走出来，去拼搏、去奋斗、去打造一份属于自己的事业，让成功的幸福紧紧地笼罩着自己。

幸福密码

做"女汉子"没有什么不好，女人在某一些方面就应该表现得强势一点，才会得到更多人的认可、受到更多人的尊敬，收获更多的幸福。

女人应该敢想敢干，做一个果断、坚强、勇敢的女人，这样的女人不会因为小小的挫折而伤心流泪，因为她把小困境当作一种挑战，这样就会看到胜利后的喜悦。

第二十八位女性朋友
小敏
为何要吃闲饭

有这样一个笑话,女人对男人说:"我要终其一生找到一个可以让我不用奋斗的男人!"男人说:"那然后呢?"女人又说:"我要防止那些希望不靠自己奋斗的女人!"

很多女人都这样认为:女人干得好,不如嫁得好。女人最大的幸福就是嫁给一个有钱的老公,从此一辈子不用再苦苦奋斗,住着大房子,拥有花不完的钱。她们认为女人一旦结了婚,就可以衣食无忧了,因为女人会有老公养。

那么,在家吃闲饭的女人真的幸福吗?据美国一组对妇女的调查数据显示:76%的全职太太都觉得自己并不幸福,89%的女人都渴望拥有一份稳定的工作,在工作中体会快乐。可见,生于忧患,死于安乐,久居在家,什么都不用做的女人并没有想象中的那么幸福。

小敏人长得很漂亮,在上学的时候就是学校里的校花,追她的人特别多。工作后,小敏嫁给了一家科技企业的总经理小赵。小赵名牌大学毕业,又留过学,人长得也高大英俊,和小敏在一起,简直是郎才女貌,天生一对。

小敏原先在一家销售企业上班,每个月为完成业务指标,有时甚至连饭都吃不上,薪水不是很高,而且特别的辛苦。

结婚后,老公小赵就让小敏辞去了工作,在家当起了全职太太,家底殷实的小赵根本不在乎小敏一个月挣的那几个钱。

刚开始,小敏觉得生活过得很幸福,再也不用上班了,每天舒舒服服地待在了家里,什么都不用做。家庭的一切家务——拖地洗衣、做饭刷碗全部由保姆一手操办,小敏每天要么就去逛街、要么就窝在家里看电视。

可是,不到半年的时间,小敏发现自己得了抑郁症。因为每天在家没事可做,实在是太无聊了,每天一个人对着空荡荡的大房子,小敏觉得自己就像一只被养在笼子的宠物,丝毫体会不到人生的价值所在。

小敏想,难道自己就要这样过一辈子吗?越是这样想,小敏越是感到抑郁。于是,小敏去看了心理医生。心理医生告诉小敏,病因是在家吃闲饭吃的,女人应该回归到社会里,要去工作,纵然家里再有钱,也不能只窝在家里吃闲饭。

小敏回家后和老公小赵商量,要求出去工作。小赵拗不过小敏的请求,只好答应。小敏重新回到了原先的公司上班，虽然每个月一如既往的辛苦，可是小敏觉得自己过得很充实，心里也很踏实，原来这才是工作的幸福。

俗话说得好，只有先付出一分耕耘，才能有一分幸福的收获。女人要想收获幸福的果实，必须去工作。如果女人一天到晚"宅"在家里，在家吃闲饭，不仅会滋长女人的惰性，而且也会慢慢让女人变得无用，迷失自我。

生活之中，最大的快乐就是劳动的快乐，如果女人一味地吃闲饭，怕苦怕难，停滞不前，那么生活回报给你的就是碌碌无为，必然带给女人消极的思想。女人要想得到生活的最大幸福与回报，唯有选择奋斗，有一份属于自己的工作。

幸福密码

也许艰苦的劳动换来的报酬是极其微薄的，但是带给女人的成就感却很多，女人有时工作并不是为了薪水，而是为了证明自己有能力养活自己。

"生命不息，奋斗不已。"它告诉女人们，活着就应该去努力工作，去不停地奋斗，在奋斗中体会生活的快乐、工作的幸福，实现自己的人生价值。

第二十九位女性朋友
伊琳娜
抓住机会

女人要想成功,就必须摒弃一些女人天生的弱点,比如女人容易脆弱,遇到挫折,很容易迷失方向。女人要做成一件事情,首先要学会见缝插针,目光敏锐地捕捉一切可以获得成功的机会。

女人有时会羡慕自己的男人在职场上叱咤风云,享受着成功带来的巨大成就感,想象自己如果有一天,能和男人一样成功,做成大事业,该是一件多么幸福的事情。

然而,女人又觉得取得成功是如此的艰难,眼前既没有好的机遇,又不会天上掉馅饼,那么该怎么办呢?这时,女人就应该把眼睛睁大一点,因为在这个世界上,不是缺少机会,而是处处都是机遇,只是缺少了发现它的眼睛。

伊琳娜是英国一家知名的电气公司的总经理,正是因为她善于利用机会,使一个拒她于千里之外的老太太,十分乐意与她达成一笔大生意,顺利地完成了推销用电的任务。

那天,伊琳娜走到一家看起来很富有的、整洁的农舍去叫门。当时户主布拉斯老太太只将门打开了一条小缝。当得知她是电气公司的推销员之后,便猛然把门关闭了。伊琳娜再次敲门,敲了很久,大门尽管又勉勉强强开了一条小缝,但她未及开口,老太太却已毫不客气地破口大骂了。

伊琳娜并没因此而退却,之后,她经过一番调查,终于找到了突破口。伊琳娜再一次上门了,等门开了一条缝时,她赶紧声明:"布拉斯太太,很对不起,打扰您了,我的访问并非为电气公司,只是要向您买一点鸡蛋。"老太太的态度温和了许多,门也开得大多了。

伊琳娜接着说:"您家的鸡长得真好,看它们的羽毛长得多漂亮。这些鸡大概是××名种吧!能不能卖一些鸡蛋给我呢?"门开得更大了,并反问:"您怎么知道是××种的鸡呢?"

伊琳娜知道,办法已初见成效了,于是更加诚恳而恭敬地说:"我家也养了这种鸡。可像您养的这么好的鸡,我还从来没见过呢!而且,我家的鸡,只会生白蛋。附近的人也都说只有您家的鸡蛋最好。夫人,您知道,做蛋糕得用好蛋。我今天要做蛋糕,我只能跑您这里来……"老太太顿时眉开眼笑,高兴起来,让她进门了。

伊琳娜利用这短暂的时间瞄了一下四周的环境,发现这里有整套养乳牛的设备,断定主人定是养乳牛的，于是继续说："夫人，我敢打赌，您养鸡的钱一定比您先生养乳牛的钱赚得还多。"老太太心花怒放，乐得几乎要跳起来，因为她丈夫长期不肯承认这件事，而她则总想把"真相"告诉大家，可是没人感兴趣。

老太太马上把伊琳娜当作知己，不厌其烦地带她参观鸡舍。伊琳娜知道，她的新办法的效果已渐入佳境了。但她在参观时还是不失时机地发出由衷地赞美。

老太太毫无保留地传授了养鸡方面的经验，伊琳娜极其虔诚地当学生。她们变得很亲近，几乎无话不谈。在这个过程中，老太太也向伊琳娜请教了用电的好处。伊琳娜针对养鸡需要用电的情况详细地予以说明，老太太也听得很专注。

两个星期后，伊琳娜在公司收到了老太太的用电申请，这让伊琳娜喜出望外，自己终于成功了。

可见，女人只要把目光放得远一点思维敏锐一点，就可以不断地发现机会，找到通往成功的道路。女人要想成功，得到幸福，就必须能够抓住一切可以抓住的机会，当把机会抓住了，就等于已经成功了一半。

幸福密码

用心去体会成功人的办事技巧，并总结出自己的不足之处。只有这样，才能抓住一切成功的机会，甚至是最渺茫的机会。

要培养自己善于把握每个细节、每条信息的能力，女人平日就要多加留心身边的各种事物，哪怕是一颦一笑、一举一动。

Chapter 8
打造朋友圈

有不少女性朋友摆脱了天天围绕孩子、老公转的"悲惨"命运,她们也有了人脉圈,看起来前程似锦!

第三十位女性朋友
李念
寻找你的"贵人"

有句俗话说"七分努力,三分机运"。人们一直相信"爱拼才会赢",但偏偏有些人是拼了也不见得赢,关键在于缺少贵人相助,尤其是女人,天生是比较柔弱的,在自己想做什么事情的时候、在取得事业上的成功的过程中,别人的帮助是不可缺少的。一个女人如果能得到一位贵人的相助,尝到成功幸福的滋味往往比自己单枪匹马,埋头苦干要快很多。因为贵人相助会起到事半功倍的效果,这将大大增加你的筹码及成功概率。一旦有了"贵人"的提携,加之自己的能力的发挥与努力,女人就像是一位有了翅膀的天使,很快就能飞向幸福的天堂。

世有千里马,女人还需要一位发现自己的伯乐。女人应该花点时间去寻找自己的那位"伯乐",让"伯乐"来助自己一臂之力,这样你的才能方可得到更大的发挥。千里马常有,而伯乐不常有，天上也不会自己掉下来一个"贵人"，女人需要自己去寻找，找到了你就已经成功了一半。

李念是一个不太寻常的女孩，她不想自己大学毕业后，和班上的女生一样，找到一份好工作，然后再找一个男朋友结婚生子。

李念上学的时候，就想以后自己能开一家公司。大学毕业后在一家广告公司干了两年，就准备辞职，下海创业。这时，李念身边的一些同学、朋友都劝她说，还是别冒这个险了吧！因为做广告这一行，必须有一个非常大的关系网，可是李念只是一个20多岁的毛头小姑娘，在陌生的大城市里谁也不认识，如果小广告公司成立后，没有业务，那么根本站不住脚。

然而，出于对想当老板那份幸福的渴望，李念不顾家人和朋友的反对,成立了一家小广告公司。果然,在公司成立不到半年后,由于业务不强,公司陷入了困境。

这时,李念想光靠自己是难以成功的,必须要找一个贵人来帮助自己渡过难关。这些贵人就是一些大公司的老板,如果能得到一家大公司的客户单,那么她就可以打一场漂亮的翻身仗了。

在过去两年的工作中,李念想到张琳曾经有一位客户是盛天房地产公司的老板。张琳是一位女老板,容易接触,而且她还和李念一样,喜欢打保龄球。

于是,李念便打听出了张琳常去的几家高级保龄球俱乐部。有一次,李念在打球时,认识了张琳。李念精湛的球技也给张琳留下了很深刻的印象。一来二去,张琳和李念成了亲密的球友,两人有时间就在一起切磋球技,打完球,两个女人总有聊不完的话题,最后张琳干脆把李念认作为"小妹妹"。当张琳过生日的那天,别人送的无非是些名酒、茶具,李念却别出心裁地送了她一个精工制作的保龄球,张琳高兴极了。

有一次打完球,两人在一起聊天,谈论各自的事业。张琳知道李念眼下公司处于困境时,决定帮助李念一把,于是和这个"小妹妹"签下了一单大广告单,费用高达五百多万。

有了这笔钱,李念的公司如同岸上的鱼被放进了水里——一下子活了过来。

除此之外,张琳还介绍了许多大老板给李念认识,结果在短短的一年时间里,李念的广告公司就发展成了大广告公司,这种幸福对她来说似乎有点太快了,让她感受到了当老板是多么幸福的一件事情。

李念的幸福在于她寻找到了她的贵人——张琳，在张琳的帮助下，不仅度过了公司的瓶颈期，而且还让公司发展壮大起来。对于在职场上拼搏的女人们来说，创业者往往起步艰难，如果能得到贵人的青睐，那么对自己的事业就会大有帮助，因此我们有必要学学结交贵人的窍门。

古今中外，在名人的成功历程中，总有一些贵人在其中发挥着巨大的作用。在接受别人帮助的同时施展出自己不负栽培的好手段、真本事，这才是他们把握历史性机遇的关键性的一步，也是他们最终成名的要素之一。

一个人如果想取得某种成就，就必须具备"成气候"的一些条件，而这些条件的客观方面却往往掌握在别人手中。接受贵人的支持和帮助，就像一颗优良的种子种进一块适合自己生长的土壤中一样，势必会加速他的成功。

幸福密码

对于自己的贵人，女人不妨通过投其所好的方式来结交，这样一来可以让自己的行为看起来合情合理，不露一丝讨好的痕迹，这样贵人很容易领你的情，又不会觉得你是为了某种目的而来。

先和贵人成为朋友，不要先急于寻求贵人帮忙，当贵人和你足够亲密时，自然会主动向你伸出援助之手，这比你自己开口要好得多。

第三十一位女性朋友
骆佳佩
和同事成为知己

女人一生有三种重要的朋友：从小一起长大的玩伴、十年寒窗的同学和在一起上班的同事。同事是我们一生打交道最多的人，工作的成功离不开同事的并肩协作，很多解决不了的难题会在与同事的沟通中茅塞顿开，同事可以对你的工作表现提出意见和建议，与同事的公平竞争能给你动力和学习的机会，让你在工作中保持愉快心情。

同事有时就像一根撑杆，让你跃过不可能的高度，就像3D加速卡，让你事业的画面更加生动流畅。毫不夸张地说，与同事成为好朋友，有的时候要比嫁个好老公更重要。很多成就事业的伟人婚姻并不美满，但他们无一例外都有好同事。刘备可以没有孙夫人，但没有诸葛亮，想三分天下有其一无异于白日做梦。约克在曼联威风得不行，因为他身后有贝克汉姆、吉格斯的强大火力支持，还是这个约克，一回到特立尼达和多巴哥国家队就碌碌无为，没别的，就是因为孤掌难鸣。当天才遇到天才，互相切磋砥砺，将会放射出更耀眼的光芒。即使是庸才遇到庸才，只要互相取长补短，同样能如虎添翼。

骆佳佩两年前从秘书专业毕业，行政助理就理所当然成为她的第一择业目标。因为没什么工作经验，刚到公司时不能合理地安排好时间，8小时的工作变得异常忙乱。同事刘小雪在公司已经4年了，算是老员工了，说话也很有威严，骆佳佩就总找机会跟她请教处理事情的方法，并且学习怎样进入角色。因为是同级关系，工作职能不同，也没有太大的利益冲突，两人慢慢地成为无话不谈的好朋友。可是有一天，公司突然要从助理中选一名作为总裁助理，这不仅意味着在公司的地位、待遇方面有大幅度的提高，也相应地扩大了职场的提升空间。当骆佳佩征求刘小雪意见时候，突然发现她一改常态，不是支支吾吾就是找借口搪塞她提出的问题，而在内选测试时，骆佳佩终于明白坐在一旁的刘小雪原来是怕自己成为她的竞争对手。

好在骆佳佩的英语底子不错，应变能力也很强，在这次测试中脱颖而出，从此告别了原来的岗位，成为直接能拿到总裁口谕、上传下达的角色。想到以往刘小雪的指点，以后在传达工作的时候，也需要她的支持，朋友的关系需要珍惜并维护。她和刘小雪约了一起吃晚饭，先对她说了些感激之词，待她消除对自己的戒心后，骆佳佩又跟刘小雪探讨了很多工作上的事情，譬如怎样和总裁相处，又如何对待下级等，刘小雪都一一耐心解答了。

此后，骆佳佩听取了刘小雪的意见，对工作认真负责，在和老板的日常接触中，不卑不亢。老板做了错误的决定她不会马上反驳，而是从客观的角度给老板一定的建议。但她也不会和老板走得很近，即使是在一起吃饭，也尽量找一些很正式、视野开阔且有客户陪伴的商业场合。对于老板的私事绝对不过问，如果这些私事和日常工作有牵涉，一定要和老板先确认，是否一定要她去做、是否在她的职责范围之内。如今，骆佳佩已经做了一年的总裁助理，无论是中国老板还是外国客户，都对她赞赏有加。

对需要支持自己工作的同事，骆佳佩会把事情交代得很清楚，并给他们一定的建议。私底下也会关心同事日常生活的细节，譬如看谁中午常常是带饭来吃的，她想也许是经济上有问题、也许是工作餐不合口味，就会经常给他们买些酸奶、水果等，大家一起吃着玩着关系就近了不少。随着时间的推移，骆佳佩在同事中的朋友越来越多。

幸福密码

新人入行，需要找对师傅。与人品好、威信高、心地善良的同事交朋友对日后的发展有很大帮助，可以通过工作接触仔细比较，并积极主动请教。

同级之间，一旦发生利益冲突，不要急功近利，要多想想如果得到机会对自己会有什么发展，多从长远的角度权衡利弊，尽量走公平竞争路线。

第三十二位女性朋友
曹榴
和老板成为朋友

　　一般来说,同一部门同一岗位同一年纪的男人和女人相比,男人升迁的概率往往要大于女人,这也许是女人天生的弱势所在,但是作为女人,难道就这样坐以待毙,不会享受到升迁的幸福吗?当然不是。聪明的女人懂得如何和老板成为朋友。如果你和老板交上了朋友,等于你已经拿到了一半的胜券。

　　在职场上,如果能认识一些大老板,和他们成为朋友,不管是对自己的升职加薪,还是对将来的跳槽——找到更好的工作,都是大有裨益的。如果能得到事业有成的大老板的帮助,一定会飞得快、跑得远。因此,结交几位大老板为友,如果有一天,你需要"呼风唤雨",他们的援助是非常重要的。

　　曹榴在一家电器公司做销售,白天要去跑业务,晚上回家还要整理客户的资料,加班到12点那是常有的事儿。

　　曹榴在这家公司尽职尽责,一干就是五年,可是仅仅从一名销售员提升为了销售组长,薪水也没有一个大的提升。这项工作让曹榴感到非常不开心,因为身边的朋友们早就攒足了钱,又买房子又买车,节假日时还常举家出去旅个游。

　　而曹榴只有望洋兴叹的份儿,自己每月累死累活挣来的工资,只够养家糊口——维持日常开销。

　　曹榴早就想重新找一份薪水高的工作,跳进一家好一点的销售单位。然而,事情并没有她想象的那么简单,找了一家企业要么工资还是一如既往的低;要么工资高了离家却太远了,找来找去一直没有找到一份心仪的工作。

有一次,曹榴去一家大公司谈一笔业务,认识了这家公司的总经理。那位总经理看中了曹榴表现出的工作能力——果断干练,而且为人爽快,很是欣赏。由于业务上的关系,曹榴和这家公司的老板接触了几次,一回生,二回熟,有时候生意上的事情谈完了,彼此坐在一起拉拉家常,几次下来,两人便成了朋友。

当这家公司的总理经知道曹榴现在的状况和想法后,非常为曹榴感到不值,并对曹榴说:"小刘,以你的工作能力和工作经验,完全可以胜任主管级别以上的职务,你现在的公司对你真是有点大材小用了,如果你愿意的话,我推荐你到我一个好朋友的公司里去,并且由我做担保,相信你可以得到一份比现在高出5倍薪水的工作。不知道你是否愿意?"

听了这段话，曹榴简直觉得天上好像掉了一块大馅饼，正好砸中了自己一样，当即答应了下来。

果然，曹榴从这家公司辞职后，去了客户朋友的公司，薪水比原先提高了5倍，而且还是主管级别，年终还有分红。这样的幸福让曹榴觉得世界一下子变得美好起来，有了钱，她也和朋友们一样，在节假日为自己准备了一套旅游攻略。曹榴这才感觉到了一种工作的快乐、生活的幸福。

女人要想成功、走快捷方式，就必须在工作中、生活中去认识一些大老板，通过这些大老板直接或者间接的帮助，为自己寻求一份轻松而薪水丰厚的工作，不必再为现在苦闷的工作而烦恼，从此可以过上开心幸福的生活，驱除许多的忧愁。

总之，为了自己的事业，你要在与大老板交朋友上苦下功夫。成功地结交一位大老板，很可能会给你带来一笔大生意或者一个好的升迁机会，甚至有可能会缩短你的奋斗历程，这样的幸福是可遇不可求的。

幸福密码

在共同出席的会议或聚会上，选择位置时，一定要选择一个与大老板尽可能近的位置，以便他能发现你，并且一有机会便可与其搭上关系。

与大老板有过几次接触，并感觉到他对你态度不错，那么别出心裁地赠送礼品是联系与大老板情感的重要方式。要送他特别喜爱的东西，从包装样式、赠送仪式上都要显得别具一格。

第三十三位女性朋友
徐小雅
远亲不如近邻

俗话说:"远亲不如近邻。"现代很多家庭中,很多男人每天忙着工作,经常出差,往往顾及不到家庭——对家庭不能够做到全方位地照料,这往往让女人感到家庭生活的无奈。然而,聪明的女人却会活得很幸福,即便自己的老公经常不在家,家庭生活常有小困难,她们依旧能够应对自如,其中的秘诀在于她们和邻居打成了一片,和邻居拉近了距离。

对于女人来说,邻里关系是一种重要的朋友关系,除了属于自己的那个温馨小家,邻家即成为她们必须接触的最早单位。

有一个好邻居,就能使自己多一位良师益友;有一个好的邻里关系,更能让自己受益无穷。孟母择邻,其意正是如此。

邻里之间,低头不见抬头见,如果处理不好邻里关系,两家打来骂往,谁也过不上舒心的日子。所以,女人一定要正确处理邻里关系,彼此真诚相处,和和气气,这样不但能拥有祥和的、宁静的生活空间,而且在遇到急难之时,邻居说不定还能助你一臂之力呢。

徐小雅的老公在一家国际贸易公司上班,平均一个月要去国外出差两次,每次出差的时间不是十几天就是一个星期,在家待的时间少得可怜,这让徐小雅感到家庭生活的不快乐,尤其是当自己遇到困难时,老公不在身边,小雅就会感到特别无助。

有一年夏天,晚上突然下起了暴雨,外面不仅风雨交加，而且还电闪雷鸣，这让天生胆小的小雅有点害怕。突然，夜空划过一道闪电，就在这时，小雅家的电突然停了，屋里顿时漆黑一片。小雅吓得大气都不敢喘，而自己又找不到停电的原因，只好跑出了屋外，站在楼道中，因为只有站在楼道的灯光下，小雅才稍微不显得害怕。这时，小雅想老公要是在家就好了，可是此时小雅的老公正在泰国出差，三天后才能回来。

时间一分一秒地过去，小雅期盼着屋里能够亮起来，否则今晚只能在楼道站上一夜了。快到十一点时，对门的邻居小李回来了，看到小雅一个人站在门外，不敢进门，而屋里却黑黑的一片，问："你家停电了吗？"

小雅点了点头，说："是的，刚才打了一个大雷，我家就停电了，也不知道是怎么一回事，我怕黑！"

小李看到小雅一个人挺可怜的，想都是住在门对门的邻居，怎么说也要帮人家一下，于是进门找了一把手电筒，进了小雅的家里，看看电路出了什么毛病。不到一分钟，小雅家的灯便亮了起来，原来小雅的电路器跳闸了。

小雅高兴坏了，今晚不用再站在过道了，对小李谢了又谢。

还有一次，小雅家卫生间的下水道堵住了，脏水排不出去，这可急坏了小雅，因为小雅没办法上厕所了。无奈之下，小雅只好向邻居小李求助，看小李是否有办法把下水道给疏通了。

小李找来一根粗铁丝，伸进了下水道的水管里，使劲地搅动，不一会儿的工夫，下水道就通了，卫生间里的水全部排了出去。

自从有了小李的帮助，小雅的生活不再像以前那么窘迫了。每次，小雅在家遇到什么困难，都会找小李来帮忙，而小李每次都能很快地把问题解决掉。小雅觉得自己拥有这么一个好邻居，是多么幸福的一件事情。

邻居是我们生活当中不可缺少的伙伴，生活中难免会出现邻居帮忙和照应的地方，女人要想幸福，更应该和周围的邻居搞好关系，这会为自己带来很多的实惠。

谁都不能保证自己总是一帆风顺，邻里间有了困难要主动、热情地帮助，千万不要关起门来不理人。有时帮人不过是举手之劳，却能为邻居解决困难、减轻痛苦、减轻负担，你不是也从中得到快乐了吗？只要邻里之间互帮互助，生活会变得更加美好。

> **幸福密码**

邻里之间虽然没有血缘上的关系,但近似一种亲情关系,女人应学会掌握合适的度,去把握好关系,让自己有一个好人缘。

在平日的生活中,当他们有困难时,应该对周围的邻居多点帮助,这样在你有困难的时候,他们也会及时地给予你帮助,为你解燃眉之急。

Chapter 9
交际场上让人喜欢

这些女性朋友几乎都认为，女人就应该让人喜欢，社交场上就应该光芒四射。即便不是交际花，有人见人爱的殊荣那也是一种美感。

第三十四位女性朋友
牛静
低姿态离幸福才近

莎士比亚曾说："一份卑微的工作是要用一个高尚的心态去忍受的，一件最卑微的事情往往指向最伟大的目标。"这句话说明了在职场中，一个女人要想获得幸福，就要学会放下高傲的心态，提升高尚的心态。要知道在这个世界上没有卑微的工作，只有高傲的工作态度。一旦女人以一种高傲的态度去工作，再好的一份工作在她眼里也会显得很卑微。

对一个聪明的女人来说，她总会保持一份高尚的心态，不会看低任何一份工作。只要是工作，都会用一种很谦卑的心去努力，去用心把它做好、做完美，这本身就是一种幸福。

牛静是源牌集团的一名高管，在公司一次裁员中不幸下岗了。失去工作心里很不是滋味，牛静是吃不下，睡不香。

一天，她在菜市场看到了一个和她差不多年纪的妇女正在给来往的人擦鞋。这一个小小的场景立即给了她灵感：如果开一家擦鞋的店，不仅成本不会很高，而且目前市场上还没有这样的店，竞争很小，这样收入一定不错。

但是，当她把自己的想法告诉丈夫的时候，马上遭到了丈夫的反对："擦鞋？每天和臭鞋子打交道，你恶心不恶心？再说，不就下岗了吗？就是饿死我也不会让你做这样丢人的工作。"

"既然有市场，又能挣钱，有什么不好？"牛静反驳道："为人服务，怎么就丢人了？"

丈夫最终拗不过牛静。于是，牛静租了一个客流量相对多的门面，买了擦鞋的用具，这样，她的室

内擦鞋店就诞生了。

为了吸引客源，擦鞋市场价一般为2元一双，她收1元一双，这样一来，很多人都来到了她的店擦鞋。由于生意忙，每天她早早地开门营业，还另外雇了4名员工，一天下来要擦300多双皮鞋，有时忙得连吃饭、喝水的时间都没有。

很快，她就赚到了自己的第一桶金。于是，她将自己的擦鞋店又重新装饰了一番，配上了空调、饮水机和好看的鞋箱，员工也统一着装。她还给店面取了一个好听的名字"用心擦鞋店"。这样，她把一份在别人眼里很不起眼的事业做得红红火火。

最后，牛静与人合伙注册了一家公司，并吸引那些在街头小巷零散的擦鞋工加盟，形成了连锁店。牛静不收加盟费和培训费，只要遵循统一的管理模式，用心经营就行。

短短的几年光景，牛静的擦鞋公司已经家喻户晓，并且连锁店遍布很多地方。

在很多人看来，整天和一些臭鞋打交道还不如去捡垃圾——这是一件很不体面的工作，可是，在牛静眼里，她一点也没有觉得这是一份很卑微的工作，而是用一种高尚的心态去做一份卑微的工作，每天起早贪黑，忙碌个不停。虽然辛苦，但是做得却很幸福。

台湾女作家杏林子说："如今社会，昂首阔步、趾高气扬的人比比皆是，而这些人往往空有一副高贵的空架子，长着一颗高贵的头，却没有高尚的灵魂。"很多女人感到不幸福，原因就是她们在对待工作时就是这样的态度。

其实，在职场中，工作无贵贱，工作需要的是高尚的心态，而不是高贵的自尊和体面。因为做那些看似卑微的工作不代表就低人一等,只要你肯放下那颗高贵的心,通过自己的努力奋斗,同样可以在卑微的小事上,做出让人羡慕的成绩。

幸福密码

把头抬得更低一点,把腰弯得再曲一点,抱着一种任何卑微的事情都可以做的高尚心态,这样才会赢得别人的尊重、赢得自己。

不管从事什么样的工作,要想获得成功,就不要轻视自己的工作。当女人怀有一颗高尚的心态去做一件苦难的事情时,虽然弯下了腰,却升华了女人的灵魂。

第三十五位女性朋友
蓝小莫
上司其实并不"菜"

常听有的女人这样说:"就他那点水平也配领导我?""我的那个上司简直比一头猪还笨!"说这些话的女人实在不是一个聪明的职场人,她们大多都是在公司中不被领导器重的,或者跟领导有间隙、有矛盾的女人,这样的女人不但得不到领导的喜欢,自己也不幸福。

其实,女人要明白一个道理:上司之所以成为上司,能坐到今天这个位置上,一定有其过人之处,身为下属的员工,就应该学会欣赏上司身上的亮点,而不是去挑上司身上的刺、去揭领导的短。即使上司是个"菜鸟",你都要学会欣赏他。

蓝小莫在一家跨国咨询公司上班。对于这份工作,她很喜欢,工作起来也很卖力。可是,自从这个"海归"上司回来以后,她就决定辞职,因为她实在不敢恭维这个上司的能力。

每天,蓝小莫在下班之前,都会把第二天的工作计划和重要资料整理好后才走,可是第二天来的时候,所有整理好的档案总是被弄得一团糟。几次后,蓝小莫发现,这原来是她的那个好大喜功的上司为了向总部领导显示自己的工作能力,每次在她走后,都拿着她的这些文件数据去老板那里大谈工作成果和工作方式。

上司总是剽窃自己的劳动成果,就没有自己的出头之日,蓝小莫很恼火,但苦于他毕竟是上司,她又不好说什么,只好选择辞职。

当蓝小莫把辞职信放到总经理助理卡利斯莉面前的时候,卡利斯莉女士十分意外,因为她知道蓝小莫是一个工作十分出色的员工。当卡利斯莉了解了原因后,她并没有打算接受蓝小莫的辞职信,而是给她讲了发生在自己身上的一个故事:

在卡利斯莉年轻的时候,她和现在的蓝小莫一样,因为不满意上司的表现而换了工作,可是换了一份新工作后不久,她又发现新的上司也有这样那样的毛病,于是,她又辞职了。经历了几次换工作后,卡利斯莉发现自己这样的做法是很愚蠢的,因为几年下来,她没有给自己的简历上留下任何工作成果。因此,她来到了现在这家公司,决定从底层做起,面对一个未知的上司,于是她决定不再调换工作,而调换一下自己看待上司的视角,她尽量地避开他们的弱点,而是寻找领导的优点。最后她发现,即使一个看上去很让人讨厌的领导,他的身上也有可爱的地方,所以她一直工作到现在,直到做到了总经理助理的位置。

听了卡利斯莉的故事,蓝小莫收回了她的辞职信。

从那以后,她从欣赏的角度看自己的这个"菜鸟"上司了。一段时间后,她发现那个原本惹人讨厌的上司不仅幽默感十足,而且见多识广。在一些商务社交场合,他能从容应对。蓝小莫似乎明白了,这个能力不如自己的人为什么能成为自己的上司了。

黑格尔说过:"无论什么时候,你都要相信'存在的,即是合理的'。一个人即使一无是处,至少也有一两个优点。"所以说,当看一个领导时,不要只盯着他的缺点和不足之处,而是用一种欣赏的眼光。要知道金无足赤,人无完人,领导也有不足之处,上司在工作能力上未必如你,但他一定会有很强的管理能力,所以这时你需要用欣赏的眼光看待领导的不足之处,这样你才会真心服从你的领导。

有一位著名女企业家说过这样一句话:"一个人事业的成功,15%基于他的专业技能,85%则取决于他欣赏别人的态度。"寸有所长,尺有所短。女人要幸福,就要虚心地学习上司的长处,认真地改正自己的短处,这样才能够更好地充实自己,不断进步。应该认清,拿自己和周围的人进行横向比较,这样你就会改变原来看人的眼光。

幸福密码

女人要明白这样一个道理:成功的事业和欣赏一个人是分不开的,能够放下自己的高眼光,懂得去欣赏上司的优点的人,才有机会幸运地获得上司的青睐。

在职场中,一个女人不论自己的能力有多强,都要放低自己的心态,欣赏你的老板,尊重你的同事。

第三十六位女性朋友
彩云
善用方式去汇报

在职场中,每一位领导都喜欢善于发现问题的员工,更喜欢把发现的问题如实、具体地回馈到领导那里,并且方式得当,说话得体。

女人应该在工作过程中,及时地向上司汇报工作进展情况,把工作中出现的问题和解决办法,让领导第一时间知道,这样不仅可以让自己在工作中减少失误和不必要的麻烦,还能给领导留下工作认真、积极的良好形象。如果这样长期坚持下去,领导会对你越来越喜欢,一旦得到了领导的喜欢,他自然会把一些更重要的工作放心地交给你,这样你的升迁也就指日可待了。

彩云的家庭不富裕,她很早就出去打工了,想靠自己的努力开拓属于自己的一片天地。经朋友介绍,她来到芝加哥一家餐馆打工。这家餐馆经营得不错,再加上芝加哥流动人口多、顾客多,饭馆一直门庭若市,生意火爆,但不久彩云发现做领班的玛丽是个心术不正的女人,她利用老板费诺尔因有要事缠身,无暇打理生意之机,大肆贪污,管理一片混乱。

彩云看在眼里,疼在心头。经过几天的思想斗争,她在掌握确凿证据的情况下,冒着风险向老板陈述了她的看法。

老板费诺尔瞪着吃惊的眼睛,听完彩云的"汇报",他瞅了她足有一刻钟,然后从牙缝里挤出一句:"彩云,你知道我和领班玛丽的关系吗?"

"知道,她是你的情人。"彩云沉着地答道。

这时,费诺尔哈哈大笑起来。接着,他又转变脸色,严峻地问道:"你既然知道,为什么还要这么做?"

彩云也不知哪来的勇气说道:"我想我的老板是个明白人,知道怎么做才不至于让饭馆倒闭。"

老板费诺尔瞅着她,她瞅着老板费诺尔,就这么僵着,大约有一分钟,费诺尔从高背椅上站了起来,说:"谢谢你,彩云。幸亏你及时提醒了我。从明天开始,你就是饭馆的领班。"

"什么?什么?"彩云简单不敢相信自己的耳朵,她以为自己听错了。当老板变戏法似的将一个红包塞进她手里时,她才知道这是真的。

就这样,彩云成了饭馆的领班,后来,由于工作努力,成绩突出,又被晋升为副总经理。如今,经过艰苦努力，她已经拥有了自己的饭馆，在她的精心管理下，饭馆生意一日比一日红火。并且，她的饭馆有一个这样不成文的规定，发现问题及时汇报者，有重奖。

也许这就是她生意日渐红火的主要原因。

试想一下，彩云如果没有因发现问题而及时汇报，也许就不会晋升为领班以及后来的副总经理。她的及时汇报不仅挽救了整个饭馆的命运，同时，也促进了自己的成熟，为自己以后的发展创造了条件。

也许你会说彩云碰到了一个深明大义的上司，我的上司可不像费诺尔那样宁可相信自己的下属，而不会相信自己的情人。所以说，即使发现什么问题，如果不涉及个人利益时，我也不会管——当今社会就是这样，多一事不如少一事。

如果你真是这样想的话，那你就大错特错了。你要知道，上司之所以能成为上司，他就有与众不同的过人之处。如果你汇报的情况属实，运用的方法得当，相信任何上司都会认真听取和积极采纳的。

这里你要面临的一个重要问题就是：如果你发现问题出在上司那里，到底该怎么办？是睁只眼闭只眼，还是及时提出？聪明的下属一般都会选择后者，因为他们知道，金无足赤，人无完人，上司也是凡人，也不是十全十美，没有一点缺点。上司说的话、做的事也有不对的时候，作为下属，就应该及时提出。这时，你就不得不说出否定上司的话。但是，绝不能用批评的语气和上司说话。

幸福密码

如果上司提出的方案或做出的事存在问题时，你千万不要用评判家似的语言说:"你这个方案不行""这件事你做的不对"或"成功的可能性不大"。上司听了这样的建议肯定会不高兴。

在工作中发现了问题,向上司汇报时,要实事求是,不要添油加醋,并且,在向上司汇报工作时还要注意谈话的技巧。这样才能让上司相信你,并接受你的建议。

第三十七位女性朋友
将滋悠
女人太狠，地位不稳

在职场中，很多女人都认为强势一点好，强势一点工作会好做，会给自己带来幸福，因为你强势了，就没人敢欺负你了。在很多职场女人看来，强势才是职场生存的第一法则。可是，强势并不等于强者，要知道强势的女人未必就能成为一个优秀的职场人，锋芒毕露的女人未必就能招领导和同事们的喜欢。

如果你是一个领导，要想让整个团队发挥更大的效率，更要平易近人，靠近下属，不能高高在上。下属都是一个有感情、有自尊的人，你善待他们，他们才会善待你。在现代职场中，即使你是一个强者，但这并不代表你就赢得了职场、赢得了人心。相反，越是一个强者，越是要表现得谦卑，这样大家才能够靠近你，你要在工作中表现出一定的温柔、善良、体贴和博爱，让它们来融化自己强劲的外表、让那些弱小者知道你不是一个不能接近的领导，为自己的管理添加一些温情的元素。

将滋悠被总公司调到一个分公司当了部门主管，可她没想到自己到公司不久，下属们私下里都叫她"铁腕主管"。

原来，在公司之中，她总是给人一种高高在上的感觉，因为在她的意识之中，上司就应该凌驾于下属之上，保持一定的高度和威严，否则下属会利用你的温柔和仁慈，不听从你的安排，难以管理，所以作为一名女性主管，就应该保持出一种强势的气场。

但她不知道，她的下属一方面佩服她有能力、做事干练；另一方面又讨厌她做事的冷硬和霸道，如果工作上没有什么事情，很少有同事和她走得很近。

每周一例会，将滋悠会翻出她的一个小本本——里面记的都是上周部门员工的"错误"，比如谁迟到了、谁的业绩下降了、谁在办公室聊天了，她都会一一指出来并加以批评，"错误"稍大一些，还要写检讨。将滋悠对下属总是这样严加管教。

将滋悠脾气很大。一次，下属王后文没有及时完成策划方案，将滋悠大发雷霆，将王后文骂得狗血喷头，随后责令他加了一夜的班赶出方案。还有一次，因为公司新来一个女孩策划方案上的一个小错误，将滋悠又责骂开来，直到把那个女孩骂哭了跑出了办公室。

在将滋悠的严格管理下，因为部门人心不齐，导致一些部门工作无法及时完成，部门的业绩一直处在下降的状态。公司为了扭转这种局面，就给部门配了一个副主管——喻黎佳，希望能强化部门的管理。

喻黎佳人长得不怎么漂亮，但工作能力也很强，更重要的是，在工作上总是带着一种女性特有的温柔，对于一些工作上的小错误从不责骂下属，而是耐心地纠正下属的错误。要是哪位下属不能按时完成工作，她都会协助他完成。

同事们渐渐喜欢上了这位新来的副主管，很快，部门的业绩也提升起来了。

年终考核的时候，将滋悠被所有员工投了不信任票，按照公司的竞争机制，副主管喻黎佳取代了她的位置。将滋悠则被公司定为"缺乏管理者该有的情商"而调离了管理层。

在上述案例中，因为将滋悠对下属总是盛气凌人、恃强凌弱，最后只能落到失败的境地。所以，在职场中一旦女人端起了架子，就等于拿着一把锋利的"双刃剑"，不仅会伤着别人，也会伤着自己。作为管理者，要是把自己置于至高无上的地位上，不能与下属和睦相处，最终只会成为孤家寡人，在职场折戟沉沙。但要是能把自己放低一点，你在职场种可能会更顺利。

因此，作为一名女人，当你身穿"领导装"，就要表现出身穿"员工装"的样子，收敛一下你强大的气场，你将发现把工作做得更好，事业发展也会越来越顺畅，同时也会得到更多的幸福。

幸福密码

表现得太强势的女人可以在职场上兴起一时的风雨、赢得一时的风光；而懂得低调，适度收敛锋芒，才能永久在职场上生存下去。

女人要成为一个职场老手，就不能表现得太强势，一定要懂得收敛锋芒。表现得太过强势的话，你必然会被周围的人所讨厌，自己也不会得到幸福。

第四部分
幸福女人的心灵诗

她们做了这样的一个总结：女不强大天天不容！她们就会变得内心更强大。她们说这样会百毒不侵。

Chapter 10
做一个简单的女人

女人不能苛求太多，有时候简简单单才是真。她们便会避开虚荣、攀比，于平淡中见惊奇。

第三十八位女性朋友
玲
结婚是因为爱情

女人一生最大的幸福就是能够拥有一份完美的爱情，嫁给一个能够让自己幸福一生的男人，可在当下，有太多因素影响着女人的婚姻观念。每一个女人都希望自己能够嫁给一个有钱、英俊的男人，住着豪华的大房子、开着漂亮的车子、拎着限量版的包包、穿着名牌衣服，而且这往往成为女人是否幸福的标准。

但是，生活不时打破女人的梦想，世上的男人总是有着这样那样的缺点，漂亮英俊的可能学历低，学历高的也许长相不如人意；收入高、懂得浪漫的或许花心，老老实实、可以让人放心的又不会来事……女人们往往感到不幸福，那是因为女人们对爱情的要求过于苛刻，女人应该懂得婚姻的最初本质是因为爱情。

选择婚姻就像是射箭，无论你感觉自己瞄得有多准，在箭出去之后,它能否正中靶心,谁也不敢肯定——如果当时起了一阵微风,或者箭本身有些小故障,总之,一些不可预知的小意外,常常令结果扑朔迷离,所以女人要幸福,就不要追求太完美。

玲是一个各方面条件都不错的白领女性,可谁也想不到的是,她已经有了三次失败婚姻的经历。情感上的屡受波折和打击,使她痛苦不堪:"究竟是我选错了结婚的对象,还是我根本不适合结婚?"

玲自认为自己挑选伴侣还是十分慎重的。二十八岁那年,与一个年龄比她小几岁,但却真诚正直的男孩子结了婚。曾经一度,玲为找到这样一个心地纯真、能一心一意爱她的伴侣十分庆幸,然而好景不长,随着玲仕途顺利,社交频繁,渐渐觉得老带着这么一个小孩似的老公在身边十分尴尬。出席正式场合，他也穿着廉价、随意的T恤牛仔，加上他既性格内向，不懂应酬，又拿不出头衔象样一点的名片来，只是个小职员，玲渐渐觉得十分丢脸。老公却一概不知，下班回来也不进修，只知道下棋、打游戏而已。如此没有进取心，双方差距一定会越来越大，怎能依托终生？玲离婚了。

玲的第二次婚姻，选择了一个年龄略大，事业有成的成熟男性。他长袖善舞，将玲和玲的家人都安排得很好，但玲的满意也没能维持多久，每当玲劳心劳力工作了一天，晚上回家期望享受一下家庭温暖，休憩疲惫的身心时，老公却常常应酬在外，家里冷清一人。玲想：这和没结婚有什么区别？我也是职业女性，钱我自己可以赚，社会地位我自己可以争取，你事业再成功我又不靠你，何必做活寡妇？玲又离了婚。

这一次玲牢记要坚守"门当户对"的原则，找了个和她年龄、收入、文化程度都相当的老公，也是一家公司的中层管理人员。两个人因为经历相似，有很多共同语言，玲欣然结婚。然而婚后时间一长，玲又觉得他话太多，每晚回家都要絮絮叨叨地抱怨工作辛苦，公司里的人事斗争阴险惨烈，如此等等，把妻子当成唯一倾吐的对象，听得玲耳朵起老茧，想安心听听音乐、看看电视都不得清静，气恼之余常常打断他的话，还忍不住要讽刺他几句。

于是，两人矛盾渐多、争吵不断，婚姻又陷入了危机。玲迷茫了："难道现代人已丧失了营建幸福婚姻的能力？"

从玲的三次失败婚姻中我们不难看出，在结婚这件事情上，虽然每个人的心理需求都是复杂多样的，但只要是自愿选择的伴侣，往往是满足了我们某些重要的需求的。正因为如此，我们才心满意足，沉浸在爱河中，忽略了其他比较次要的需求，觉得对方十全十美。可是激情总要淡下来，当那时我们意外地发现，我们的另一些需求依然空白着，已满足的需求因为习惯了已变得微不足道，就像吃饱了的肚子不会"咕咕"叫一样，而未被满足的需求却凸显出来，渐渐膨胀，挡在我们面前，控诉说，它们才是最应该被满足的。于是我们不禁惊呼：结错了婚，找错了人！

上帝总有些苛刻，或者说公平，他不会把所有的幸运和幸福同时降在一个人身上——有爱情的不一定有金钱；有金钱的不一定有快乐；有快乐的不一定有健康；有健康的不一定有激情。

幸福密码

婚姻是一种有缺陷的生活，完美无暇的婚姻只存在于恋爱时的遐想里，固守着这个残破的理想，只会与幸福的婚姻失之交臂。

向往和追求美满精致的婚姻，就像希望花园里的玫瑰全在一个清晨怒放，那是跟自己过不去，女人应该简单一点，把结婚的目的回归到爱情的起点。

第三十九位女性朋友
翁美睐
善于转变角色

如今，很多女人在事业上比男人还要成功，赚的钱比男人还要多，女人不仅是家庭的半边天，而且还充当起了家庭顶梁柱的角色。她们在职场上干练、豁达、果断，不管遇到什么样的困难，到了她们手里很快就解决了，在外界人的眼里，她们是人们所说的"大女人"。然而，女人要幸福，终究还是要回归到女人最初的本质——温柔、顺服、内敛，希望男人疼爱自己，小鸟依人。不管在外界，女人是多么的强势、多么有心计和城府，应对各种复杂的局面，但是回到家里，女人就应当从"大女人"的角色转变为一位"小女子"。只有这样，女人才能够游刃有余穿梭于工作与生活之间，让事业和生活两如意。

有一位成功女士曾说："让我感觉到不幸福的是，我在外面那么成功，人人都敬畏我，可是回到家，丝毫感觉不到这种幸福？"这里的原因其实很简单，那就是她没有进行角色的转换，女人可以是一首豪放的词，但是回到家里，就应该是一首婉约的诗。只有成为这样一首诗，才能为家庭带来诗情画意，为自己营造出幸福的生活。

翁美睐是一家跨国公司的高管，手下的员工有一百多人，她做事果敢干练，再难的事情，到了她的手里，很快就迎刃而解了；再难的客户，只要她亲自出马，不费吹灰之力就能拿下。

在公司里，翁美睐是出了名的能干，深受公司高层领导的赏识和器重。前不久，翁美睐还升了职、加了薪，前途可谓是一片光明。手下的员工们不仅喜欢她的做事风格，而且还敬畏她的为人，同时她也是公司里所有女员工争相学习的榜样。

她手下的女员工们经常发出这样的感慨:"如果我这一辈子能像翁美眯一样,也就没什么可担心的了。"

翁美眯自己也感到非常自豪,在工作中,领导喜爱,下属敬畏,公司里从上到下,人人都会给她几分面子。只要她开口说话,基本上没有人会拒绝。

虽然在事业上顺风顺水,但是在家庭生活中,翁美眯一点也不开心,也许是在公司里颐指气使惯了,在家里,翁美眯和老公经常拌嘴,老公就是看不惯翁美眯一副领导的架势。看到老公总是和自己对着干,这让翁美眯非常恼火,在公司里,翁美眯可谓是一人之下万人之上,可是在家,老公根本不买她的账,这严重挫伤了翁美眯的自尊心,两人隔三岔五地在家吵架。有一次,翁美眯和老公又大吵了一架,气愤之下,翁美眯离家出走,去了一个闺蜜的家。

闺蜜看着翁美眯一把鼻涕一把泪,根本不顾自己一个大企业高管的形象,不禁忍不住笑出声来。

翁美睐看到闺蜜不安慰自己，反而笑话自己，生气地说："人家都伤心得要死，你还在那里笑呢！"

"笑你就对了，不是我说你，在公司你是一个大领导，是一个大女人，可是回到家里，你这个大女人就要变回小女人啦。你不能把公司的那一套搬到家里面来，你在我这哭鼻子也没用呀。女人回到家就应该做回最本质的女人。"

翁美睐忽然茅塞顿开，回到家后，翁美睐一改以前的状态，对老公温柔有加，还亲自洗衣做饭。翁美睐的老公看到老婆忽然变得温顺起来了，也改了自己的态度，家庭生活也变得温馨浪漫起来。

职场上的成功女人，无论工作上如何强势，都不要把这份强势带回家。回到家后，女人就应该回到小女人的角色。女人对自己的生活和工作上的平衡是非常重要的，在回归家庭之前，首先要知道自己是女人。

健身、美容、运动都应该列入每周的计划内，洗衣做饭、照顾自己的老公、孩子是每天的义务。无论在单位还是在家里，做个优雅漂亮的女人都是十分必要的。做孩子的好母亲、做丈夫的好朋友，如果他能够与你分享工作上的快乐和烦恼，无疑这是你的幸福，你的细腻和敏锐对他来说是最好的心灵补药。目的是想让老公明白你是爱他的，是小女人专属的爱。

此外，也要留出时间与孩子聊天，内容涉及学习、生活、八卦等。

幸福密码

作为女人，应该懂得经营自己的生活和工作，知道如何在"大女人"和"小女人"之间进行切换，从而极大限度地带给自己快乐。

女人在公司，可以是大女人、女强人；回到家，女人就应该扮演好妻子、母亲的角色，做一个温柔可人的小女人。

第四十位女性朋友
何琳
多给别人一点宽容

比海洋更宽广的是天空，比天空更宽广的是人的胸怀。一个心胸宽广的女人一定是一个幸福的女人，因为她可以包容一切，不会藏有心计，一切都是简简单单，给人一种最美丽的真实。

一个宽容的人，既要能包容他人，也要能包容自己。假如你被别人伤害了，千万不要怀有怨恨，要学会宽容，与此同时，要适时避免这种情况的再次发生，不断地为自己释放心理的垃圾。一个心胸狭窄、报复心强烈的人，最后伤害的不是别人，而是自己。所以，女人应该学会宽容。女人的宽容是一种高贵的品质，是女性精神成熟、心灵丰盈的标志。女人的宽容是对别人的释怀，也是对自己的善待。女人的宽容，是一种真正的难得糊涂；是聪明升华过后的糊涂；是心中有数却不动声色的修养；是一种超凡脱俗的气度；是与世无争的一份悠然自得。

拥有宽容之心的女人，豁达大度、笑对人生。她会拥有一种恬淡、安静的心态，她会去做自己应该做的事情。对于一些闲言碎语、磕磕碰碰的琐事从不感到郁闷、恼火、生气，更不会去找别人倾诉，她认为为了琐事与别人辩解再变本加厉地去报复他人，是贻误自己人生与事业的最大错误，她不想失去更多美好的东西，更不想把自己的宝贵时间浪费在这种小事情上。

18岁那年，何琳以优异的成绩考入北方一所著名的大学中文系读书,授课的老师中有一位四十多岁的男教授,不仅学识渊博,而且谈吐风趣幽默,经常和学生们一起谈古论今、纵论文事。有很多女生都暗暗地将这位教授视为心中的偶像,许多女生甚至主动接近他,希望得到他的提携和指点,何琳也是其中一个。

一天,何琳约了两位要好的女同学一块儿去教授的住所请教几个问题。她们穿过一条林荫小路,来到了教授居住的一座静谧的小院,小莉伸出手来正欲敲门,却发现门是虚掩着的,于是她轻轻地推开门,结果看到了令她目瞪口呆的一幕:教授正在屋里拥吻着一个女学生。

看到她们的意外出现,教授的手像触电一样一下子猛然松开、垂落,脸色刹时变得惨白,而那个女学生也是一脸的窘相。

几个人就这么尴尬地站着,空气死一般沉寂,都听得见彼此猛烈的心跳和呼吸。

"我该怎么办?"何琳进行着激烈的思想斗争。装作没看见迅速走掉?干脆走上前去委婉地劝说?报告校领导或张扬出去,让他受到惩罚甚至身败名裂?这些念头在她脑海中迅速一闪而过。

不!教授不是这种人,他也许只是一时糊涂。何琳知道,教授有一个他所深爱也深爱着他的妻子,他的妻子在同城的另一所高校任教,他们有一个活泼可爱的即将大学毕业的女儿,这是一个幸福而完美的家庭。他们的家庭和教授本人洁身自律在校内一直有着良好的口碑……

仅仅是几秒钟的犹豫和停顿,何琳坦然地走了进去,站在教授面前,一脸笑容地说:"教授,我们都是您的学生,您可不能偏心哟,您也吻我们一下好吗?"

"是呀,教授,您可不能偏心。"和何琳同去的那两位女同学也附和着。

教授马上清醒过来,他轻轻地拥抱并吻了一下何琳的额头,然后又相继吻了一下另外两位女同学。那一刻,何琳看见教授眼里有湿润的东西在闪耀。

多年过去了,教授依然拥有一个美满的家庭和良好的口碑,他变得更加勤奋地研究和著述,并取得了极为丰硕的成果。

在大学学习的生涯中,教授为何琳的善良心怀感激,他用毕生所学倾囊相授,最后何琳成为建校以来最著名的一位女学者。

杯子留有空间,就不会因为再倒水而溢出来;气球留有空间,就不会因再吹气而爆炸;做事留有空间和余地,便不会因"意外"的出现而下不了台,从而可以从容转身。

所谓"不责人过、不发人隐私、不念人旧恶。三者可以养德，亦可以远害"，即使别人真的有错，女人也不可逼人太甚，将对方逼向绝路，而应该多给他人留点生存的余地，不让别人为难，这样便不会招致对方的怨恨、敌视甚至以极端的方式反抗报复，反而能让对方对我们的道德修养以及理智、大度发自内心地佩服，而且能让别人活得轻松，自己也活得自在，何乐而不为呢？

幸福密码

"物极必反，否极泰来。"无论在什么情况下，女人都应该多给别人留点余地，给别人一种幸福，也是给自己一种幸福。

女人应该简单一点，不要因为抓住了别人的"小辫子"而去做文章，而是要怀着一种宽容的心态，去理解别人，这样别人自然会十分感激你，回赠你一份幸福。

第四十一位女性朋友
曲敏
平淡中的幸福

在很多女人眼里，爱情必须是轰轰烈烈的，充满着各种激情，那样生活才够刺激；婚姻必须是物质条件丰厚，钱足够花，那样的生活才够水平。

谁也无法否认，爱情需要物质来衬托，就像红花需要绿叶一样，有了绿叶，花才会显得更灿烂、更美好，令人心醉神驰、目眩情迷，妙不可言。

然而，在现实生活中，有很多女人最后没有得到幸福，就是因为自己太注重那片"绿叶"，而忽视了"花朵"本身。

虽然爱情对于女人来说，人生没有一场轰轰烈烈的爱情，就枉为做了一回女人。可是，爱情的轰轰烈烈不是长久的，婚姻最终还是归为平淡，不要被短暂的物欲横流而迷住了双眼。

曲敏是大学里的学生会主席，不仅人长得漂亮，而且学习成绩也是全系第一名。在同学们的眼里，曲敏这样好的条件，将来一定会找一个有钱又帅的男人。

的确如此，在学校里，很多富家公子哥都想追曲敏，其中不乏长得帅气的，有的男孩还是家族企业的继承人。曲敏每天处在这样的环境中，也曾为之心动过，想如果自己一辈子跟了这样的男孩，不说可以少奋斗几十年，最起码可以保证衣食无忧。

然而，曲敏最终选择了同系的一个家庭贫穷，但是品学兼优的男孩李军。一年后，两个人同时获得了去美国斯坦福大学公费留学的机会。

在美国,虽然学费是免费的,可是生活费却要自己支付。为了生存下来,从小娇生惯养的曲敏和男友李军一起勤工俭学,星期天去唐人街的一家中国餐馆洗盘子,打零工赚钱来维持生计。和那些有钱人家的留学生相比,曲敏和男友李军生活得太平淡了,每天除了上课、吃饭、睡觉,其余的时间都在打零工,而那些有钱人家的女留学生则在周末的时候,和同学、朋友一起郊游或者开派对,参加学校里各种各样的活动,和男友一起逛大商场,喝咖啡、看电影等。

由于没有车子,两人租的房子又离市区很远,在冰天雪地里,要走半小时路才能买到东西,曲敏的脸总是冻得红通通,回来后两人的手指都被马夹袋勒出了很深的印子。虽然经济上拮据,但两人省吃俭用、从不抱怨,一锅红烧肉的香气可以让两个人像孩子一样开心。

有情饮水饱,青菜白饭滋味好。两个人顺利完成了斯坦福的学业,并且进入了同一家中美合资企业。

两年后,两人在租的房子里举办了一个简单的婚礼，虽然日子过得很平淡，但是曲敏每天过得都很充实、很幸福，她觉得这才是她想要的生活。

其实，曲敏是一个知道自己想要什么的女人，她懂得什么才是真正的爱情，所以她才会感到生活的幸福。我们不能否认良好物质对生活的作用，但是女人要明白自己要的是什么。如果用物质来换取爱情，即便这样的物质条件再丰厚，也是不可取的，最终受害的会是自己，因为物质再多都是有价的，而爱情是无价的。

人生的内容很多很乱，人的心思太杂太烦，负荷沉重，诱惑太多，站在繁华的都市街口，东边是金钱，西边是名誉，南边是地位，北边是权力。于是人总是东奔西走，南冲北突，想要的东西太多，眼睛盯着浮华世界里的功名利禄，到死才发现得到的东西很多，丢了的东西更多。生活也有能量守恒定律。女人在追逐的同时，何不找个时间休息一会儿，翻一翻身上的背囊，看你丢了幸福没有？

◆ 幸福密码 ◆

人生无须所求太多，口袋里的钱够花就行，家里的房子温馨就行。追求太多，欲望太多，往往就想打肿脸充胖子，表面看着风光无限，却丢了快乐、幸福和自由。

生活需要舒适，没有金钱是不可能达成的，但过分地追逐常会使人丧失理智、感情淡漠、心性冷酷。只有平淡处事，正确对待这些身外之物，才可活得舒心、自然，体会活着的真实意图。

Chapter 11
既优雅又有才华、气质

女人不能只靠外表，外表只是一时的荣耀，内在的才华、气质才能让她们立于不败之地。

所以，她们会选择从内心上修养，不至于某一天沦落、颓废。

第四十二位女性朋友
小婷
腹有诗书气自华

在当下，处处充满着物欲横流、金钱和欲望的气味，已经没有几个女人能静下心，来品读一本书了，她们把大部分的闲暇时间花在了看电视、逛商场、上美容院、上健身馆、打扑克、搓麻将、闲聊……

然而，这些女人并不能感到真正的惬意和舒服，只是为了打发无聊的时间和排遣心灵上的空虚。然而，真正有品位的女人懂得在书中寻找那份幸福，书中自有黄金屋，书中自有颜如玉，一切现实中的东西都可以在文字中觅得。而且足不出户。

如果一个女人不爱读书，没有知识就会变得无知、粗俗，就会被时代抛弃。相反，爱读书的女人会懂得更好地生活，让人生变得诗情画意起来，充满各种各样的情调，在险滩有暗礁的地方能看到明亮的灯塔,在人生山穷水尽时,能看到柳暗花明处。这些都是读书的幸福。

小婷是个漂亮的女孩,浑身散发着青春的朝气,美丽的眼睛和娟秀的面孔充满了灵气。小婷也是个爱美的女孩,不过她和街头时尚的女孩的爱美却不一样。

那些紧随潮流的时尚元素在她的身上很少出现,那些奇怪的装扮和惹眼的彩妆也很少出现在她的身上。她一向不挂金、不戴银,素面朝天,却总是给人一种神清气爽的感觉。

小婷的穿着一向是简约大方,既不追逐新潮,也不让人觉得落伍。有人评价说她整个人的形象似乎像一篇清丽的散文、一本黑白之间透露着色彩的书。

对,小婷就像一本外表简单朴素,却蕴含深刻的书,大家对她的印象总是很难离开书。

小婷从小就是个爱书如命的女孩,从刚刚能独立地阅读童话开始,她就深深地陷入了这个用文字和图画构建出一幅幅美妙的风景、充满了神奇的世界中。从童话到小说，当小婷涉猎到更多的书籍时，她便视读书为人生的最大乐趣了。

从儿童时代到大学，小婷不管功课多么繁忙，她总会抽空看一会儿喜欢的书。在学习的间隙，其他的同学或是游戏，或是调皮，或是休息的时候，她总是沉浸在文字编织的故事之中，用眼睛作桨划开波浪，去寻找遥远的精神彼岸。

小婷最喜欢去的地方也是书店或图书馆。当别的女孩子正津津乐道地追求着时尚、研究着化妆打扮时，小婷已经坐在图书馆的某个角落，陶醉在书的世界里了。

偌大的阅览室内，安安静静，偶尔传来悉索的书页翻动的声音，或读者轻轻的脚步声，反而更给这种宁静平添了一种情趣。

在书中，她还能听到属于自然的一切声音：风声、雨声、浪涛声、犬吠、鸡鸣、蟋蟀叫。每当听到它们的时候，小婷都觉得这是心情最宁静的时候，耐得住寂寞，没有争逐的安闲、没有贪欲的怡然。

在小婷眼里，这是一种无比的享受，在文字的海洋中洗涤自己、充实自己、忧伤自己、快乐自己，仿佛整个世界都是自己的，没有嘈杂、没有纷争、没有虚伪、没有疲惫，只有愉悦与惬意。

爱读书的女人，偶然会写点东西，释放一下心情，让读书成为心灵憩息的小阁楼，体会着人世间的甜酸苦辣、喜怒哀乐，宣泄之后，又能够让女人归于平静、坦然。

爱读书的女人，心里也会有许多美丽的梦想，在丰富多彩的书籍中了解到了世界的广阔，即使平凡如小草，也能创造属于小草的美丽、浓绿和摇曳的身姿。

美妙的书籍能把女人引向有花鸟树木、有蓝天白云、有繁星明月的地方，那永不失去的梦想更是女人生活中的一首诗、一幅画、一段遐想、一片心境、一点安慰、一些希望。

幸福密码

"熟读唐诗三百首，不会做诗也会吟"，读书能散发出女人身上的那种优雅而灵动的气质，让女人更加有内涵。

在这个浮华烦躁的世界中，女人应该抛开无谓的烦恼，拿起书本，投入那多彩的世界中去，让心灵得到净化。

第四十三位女性朋友
李燕
自信是最好的气质

很多女人感觉自己生活得并不那么幸福，是因为她们对自己、对生活缺乏足够的自信，让自卑的阴霾笼罩在了心头。

自信可以让女人充分感受到幸福，它能让女人保持自己的本色，活出最真实的自己。在与人交往中，自信心能让女人给别人留下良好的印象，并使人喜爱自己、信任自己。

自信的女人，在行为举止、言谈习惯、兴趣爱好方面都会显露出一种特有的气质，让人看着舒服，体现出一种良好的自我修养。女人的自信，不需要模仿或迎合别人的口味，甚至故意掩饰自己的真情实感，或把自己的本来面目掩盖起来，自信的女人可以完全释放出其在内在的灵魂。这样的女人真实、简单而充满生活的气息，令人敬佩。

李燕是一个胖女人，臃肿的身材和粗大的脖子，让她看起来一点也不苗条。身为女人，李燕也爱美，也曾为自己的身材苦恼了很长一段时间，为此，她从来都不参加别人的聚会，也很少快活过。上学的时候，她很少和其他孩子一起到室外活动，甚至不愿意上体育课。她敏感而害羞，觉得自己与其他人不一样——完全不讨人喜欢。

有一天，她和朋友去看了一场著名的内地女歌手韩红的演唱会，韩红也胖，可是在舞台上。她是那么的自信，歌声是那么的优美，举手投足之间是那么有气质，身材丝毫没有影响到韩红唱歌的情绪，李燕被深深地震撼了。

同样是胖人，既然无法保持自己苗条的身材，那么为何还要丢掉自信呢？李燕说："一夜之间，我彻底改变了自己的人生，开始思考如何让自己自信起来，保持自己的本色，不断地发掘自己的优点，按照适合自身的特点去穿衣服。"

从这以后，李燕主动地去交朋友，并且也变得健谈起来。为了让更多的人认识自己，李燕还主动地去参加了一场演讲比赛。尽管演讲花费了李燕很长的准备时间，但是最后出色的演讲，却给了李燕许多快乐，而这些快乐都是李燕以前想都没敢想的，这种幸福让李燕体会到，即便自己是一个胖女人，只要自信地活着，也会很幸福。

李燕变得自信后，朋友也多了起来，直到此刻她才发现一切都不像自己原先想的那样——会因为自己太胖而遭到别人的嘲笑，朋友们根本不在意李燕的身材，反而说李燕是一个有福的女人。

李燕自信后，不仅活得阳光灿烂，而且在为人处事上更大气、果断，更有魅力。越来越多的人喜欢李燕了，李燕没想到胖女人也会有春天。

自信的女人可以保持一个舒畅的心情，可以在工作和生活的每个阶段，都充满强有力的自信心。

在自信心的获得过程中,女人的修养得到了升华和提高,不再因为场合或对象的变化,而隐藏自己的内在特质。女人要幸福,就要"你要作为你自己出现,而不是为了别的什么"。

一个自信的女人是真正具有自信心的人,自信让她时刻都有源源无穷的魅力。一个保持自信的女人,无论在何种情况下,都会恰到好处地表现自己独有的一切,包括声调、手势、语言等。因此,充满自信地在他人面前展现一个真实的自我,不必为讨好他人而刻意改变自己,尽力展露出自己的独特气质。

幸福密码

女人应该自信,自信的女人最幸福,用自己的一份自信来成就真实的自己,用自信的步伐行进在人生的阔步前进中。

女人的优雅、单纯,或是妩媚,或是复杂,只有在自信的状态下,才能达到最自然的表现,无论走到哪里,自信都会让女人成为一条最美丽的风景线。

第四十四位女性朋友
女推销员
女人从笑脸开始

生活中,如何判断一个女人是否幸福,那么就要看她是否喜欢笑。一个爱笑的女人无疑是幸福的,因为她总是能够让自己心情愉悦,笑颜如花,就像一首美丽的诗一样,吟出了心灵的那缕阳光。

一个女人亲切、温和,洋溢着笑意,远比她穿着一套高档、华丽的衣服更引人注意,也更受人欢迎。

生活中的女人应当以真诚的微笑面对人们,给人一种如沐温暖阳光一般的感觉,让人感受到来自女人的真、美、善。这是一种幸福的传递,女人把自己的快乐和幸福传递给了别人,而且这样还能使女人要办的事情得以顺利完成,女人的人格魅力也能得到升华。生活中的女人如果始终保持真诚的笑脸,这是自己的一种积极心态的表现、是一种能够使别人感受到幸福的表现。

当女人对别人微笑时,别人也会对你笑脸相迎,幸福是相互的,利用微笑,让微笑产生积极的带动作用,使女人的生活更加愉悦的同时,一步步走向人生的圆满。

几年前,中东迪拜帆船大酒店举行了一次巨大的汽艇展览会,全世界的有钱人都蜂拥而至,在展览会上人们可以选购各种各样的船只,小到如冲浪帆船,大到豪华游艇和油轮。

在汽艇展览会期间,发生了这样一件有趣的事情:一家汽艇厂有一宗巨大的生意跑掉了,而另一家汽艇厂却用一位女推销员的微笑把订单拿了下来。

事情是这样的：一位来自中东产油国沙特阿拉伯的富翁，想买一艘豪华的游艇。他来到一艘展览的游艇旁对站在他面前的推销员说："我想买艘游艇。"这对推销员来说，可是求之不得的好事，然而那位推销员虽然很周到地接待了富翁，把游艇的各种性能和优点都说得非常详细，只是他在整个推销过程中，脸上始终冷冰冰的，没有一丝笑容。

这位富翁看着这位推销员那没有笑容的脸，感觉她心里面似乎藏有什么心机，然后不动声色地走开了。

接着，富翁来到了另一艘厂家的游艇展示现场，这次接待他的是一位年轻的女推销员，这个女推销员和前一位推销员一样，把整个游艇的性能和优点都讲了一遍，只不过在整个叙述的过程中，这位女推销员脸上始终挂满了欢迎的笑容，那微笑像太阳一样灿烂，使这位富翁有宾至如归的感觉。

最后，富翁笑着对女推销员说："你的笑容让我感到亲切，就像一朵盛开的花儿一样，所以我决定，这艘游艇我买了。"

所以，他又一次说："我想买艘汽船。"

后来，这位富翁果然立即交了定金，并且对这位女推销员说："我喜欢你的笑脸，就像一首诗一样，显示出了你心灵的美好，说明你没有刻意去浮夸你的商品。这次展览会上，你的笑脸让我感到我买对了这艘游艇。"

第二天，这位富翁带着一张银行支票，买下了这艘价值1 000万美元的游艇，而这位女推销也因此获得了一笔丰厚的奖金。

可见，女人的笑脸是一种无声的力量，它代表着："我很高兴见到你，你让我很快乐。……"它代表了女人来自心灵深处的声音，它代表女人的一种宽容、一种认可、一种接纳，缩短了女人和他人之间的距离，能使人产生心与心的沟通，把心底的那份美好的祝愿传达给别人，同时也接受了一份来自他人幸福的回赠。

幸福密码

法国作家雨果说："笑，就是阳光，它能消除人们脸上的冬色。"女人的微笑是世界上最美的表情，微笑是女人内心深处盛开的一朵花。把这朵花送给别人，既悦人又悦己，世界将更和谐、美丽。

会微笑的女人拥有良好的心境，都非常自信，她们心地平和，对人友善，这样的人拥有迷人的气质。

第四十五位女性朋友
张雯娟
爱音乐的女人最美丽

有人说，爱音乐的女人总给人一种特别的气质，因为音乐本身就是一种浪漫的、极具内涵的气质，音乐能带给人幸福、美好的感觉，而且还能帮助人们排遣不愉悦的心境。这种幸福无须用眼睛去看，而是可以用心去体会的。春秋战国时期，俞伯牙与钟子期的幸福在于"高山流水觅得了知音"。

音乐就是这样，有着无穷无尽的、无法用语言描述的"魅力"，在它的世界里，女人可以尽情放纵自己的欢笑，让自己的脉搏跟着脉搏一起跳动。在流动的音符中，女人既可以寻找往昔生活的印记，又可以编织未来的梦幻，获得心灵上的舒缓和空灵。

随着音乐的节拍，女人可以尽情地释放一切，一串串流淌出来的音符，可以让女人尽显自己的柔美、妩媚的气质，让女人感受到生活的幸福，幸福得就像一首来自天堂的歌。

现代生活日益忙碌，女人的生活压力也越来越大，那么女人在何处去补偿自己的幸福呢？无疑是音乐，在紧张了一天的工作劳累中，女人的身心可以在音乐中得到缓解和放松，任何不顺畅的情绪都会随着音乐的流逝而去。

张雯娟出生在一个贫困家庭，一年到头都舍不得买一件新衣服，更不用说高级化妆品了。

为了生计，张雯娟来到了大城市打工，做着一份繁重的体力活。每天早晨六点钟起床，晚上七点多才回到住处。住处是一个不到5平方米的地下室，生活对于张雯娟来说，是不易的。可是，张雯娟一点也不感到疲惫，尽管住的地方狭小，吃得也是简单的快餐，但是每天陪伴她的还有音乐。

每天下班后，张雯娟简单地吃过晚餐，打开收音机，调到音乐台，一首首音乐随着无线广播传播开来，充满整个小房间。张雯娟沉浸在这美好的音乐之中，白天工作的辛劳和疲惫顿时烟消云散。

有了音乐，张雯娟觉得生活并没有人们所说的那种辛苦，反而可以在每天辛劳后体会到一种幸福。

爱音乐，让张雯娟从内心获得了一种质的改变，她不像其他和她有着相同命运的同龄人那样，动不动就张口抱怨，而且还怨天尤人。

另外，音乐让张雯娟拥有着与别的女孩不同的气质，虽然穿着朴素，也没有漂亮的装扮，却给人一种素净之美,这种自然纯朴的美深深吸引了同事小王。

经过半年的苦苦追求,张雯娟成了小王的女朋友,而且令张雯娟感到欣喜的是,正是音乐把两个人连在了一起,因为小王也是一位音乐爱好者。两个人没事的时候,一起听音乐,有时还一起用情歌对唱,这种小幸福让张雯娟觉得生活处处充满了温馨和阳光。

音乐是一种抽象的艺术,它能提高人的灵魂境界;音乐是感性的,女人也是感性的,爱音乐的女人能够领略到音符中各种妙处,并把这种妙处转化为一种积极的能量,传递到生活当中去。

爱音乐的女人,能够沉浸在音乐的美之中,同时也能感受到这音乐带给女人的福音,通过对音乐的理解,把生活的情绪与音乐结合在一起,一方面情绪性地去欣赏它;另一方面理智性地去分析它,透过这样双重的欣赏层次,我们才能真正步入音乐的奥妙之中,去尽情地享受音乐带来的美好冲击,感受生活美好的一面,来心生幸福。

幸福密码

音乐是一轮心灵的太阳,它散发出的光芒能够温暖女人小小的世界,让女人生活中的阴霾很快散去,积极地面对生活。

爱音乐的女人是有气质的女人,她能够把自己的情感融入别处,用独特的方式来释放自己,不用嘴巴来诉说抱怨,而是用心灵来感受生活赐予她的幸福。

第四部分 幸福女人的心灵诗

Chapter 12
活出无悔的自己

在采访的所有女性朋友中,她们大多数会认为不能白来这一生。无论最终的结果如何,都要无悔!她们便会精彩地活着,哪怕其间也有坎坷、也有磨难。

第四十六位女性朋友
白艳珍
相濡以沫,不如相忘于江湖

每个女人都渴望一份天长地久的爱情,估计没有人是为了离婚而结婚的。结婚是为了让爱长久,让婚姻这一社会制度来呵护爱情,然而不是每一位女人的爱情都能够白首偕老,终爱一生,结婚以后还有许多始料未及的事情发生,结婚只是漫长婚姻生活的开始,可是开始的美好并不代表结局也一定美好,随着时光流逝,发现初衷正在离自己的目的地越来越远,女人们该如何去得到幸福呢?

在现实生活中,有一些女人有法律意义上的婚姻,却没有正常的夫妻关系和完整的家庭生活;她们游离于已婚者和未婚者之间;她们有家,但好像又没有;在她们日常锅碗瓢盆的碰撞声中,常夹杂着几声叹息……

这一非常状态下的女人,称之为"亚婚姻状态的女人"。

这样的女人是生活不幸福的，那么这样的女人如何活出自己呢？用庄子的一句话来回答就是：相濡以沫，不如相忘于江湖。

如果爱情没有想象中那样完美，就这样，在相互的抱怨和不满中，爱情在不知不觉中走向了坟墓。当爱已成往事，女人又将何去何从？女人应该选择离婚，你走你的阳光道，我过我的独木桥。因为与其忍受空壳婚姻、长期分居、无性婚姻、长期冷战、缺乏共同语言的婚姻，不如一个人选择离开，没有男人，女人照样可以活得很幸福、很自我。

白艳珍是一名国家公务员，每天过着朝九晚五的固定生活，这对喜欢稳定的白艳珍来说，感到安心。

然而，白艳珍的老公王涛则不是这样想的。在结婚前，王涛曾答应白艳珍，结婚后，不再到处跑，而是在本地找一份固定、稳定的工作，一来可以离家很近，二来夫妻之间可以多一些相处的时间。

可是，婚后不久，白艳珍的老公以在本地找不到好工作为由，提出去大城市上海发展。无奈之下，白艳珍只好勉强同意。

王涛刚去上海，每天都会打电话给白艳珍，渐渐地改为一个星期通一次电话，接着变为一个月，到了最后甚至几个月或半年才打一个电话回家。

白艳珍后来听朋友说，老公王涛经常和一个女人在一起，经过多方打听，这个女人竟然是王涛以前的旧情人。

王涛对白艳珍越来越冷淡，即便回到家里，也不在家里待的时间太长，成天上舞厅跳舞、上朋友家打麻将，两人各过各的日子。

对于老公这样的表现，白艳珍心灰意冷，想着是自己的命不好，嫁错了人，一辈子就这样得过且过吧。

有一次，老公王涛大半夜才回来，而且满身酒气，更可气的是老公嘴里还喊着另外一个女人的名字。白艳珍伤心极了，突然她想道：为什么自己还要和这样的男人过下去呢？难道自己一辈子的幸福就毁在这样一个男人手里吗？对了，离婚吧，女人应该对自己狠一点，重新来寻找属于自己的幸福。

第二天，白艳珍和王涛提出了离婚。刚开始，王涛死活不同意，可当白艳珍说出老公各种"罪行"后，王涛见窗户纸已经被捅破了，自觉理亏，只好答应离婚。

一年后，白艳珍在朋友的介绍下，认识了梁乃成。经过两年的相处后，白艳珍发现梁乃成的确是一个好男人，不仅顾家，而且特别心疼白艳珍，什么事情都不让她做。白艳珍觉得找到了真正的真命天子，两人很快就结婚了。婚后，白艳珍终于过上了自己想要的幸福生活。

对女人而言，身心的痛苦、不幸福远远不是物质所能补偿的。当一个男人不再是你想要的那个老公时，勉强维持的婚姻是毫无意义的，这等于是把自己囚禁在了一个牢笼中，日日过着痛苦煎熬的日子。那么，这时女人为什么不自己打开这个"牢笼"，放出自己呢？要知道外面的世界是很大的，女人有时会为所谓的"婚姻"而选择妥协，实在是一种不明智的选择。更可笑的是，现实生活中还有女人为了怕"丢面子"而把自己束缚在没有丝毫温度的围城里，虚荣心使她们不敢走出去。于是，生命就这样一天天遭受着无谓的煎熬。

终颜弹指老，刹那芳华，与其天涯思君，恋恋不舍，莫若相忘于江湖。与其在一起痛苦地相厮守、相羁绊，不如就此洒脱地告别，彼此相忘，去追寻自己的幸福。

幸福密码

如果女人认为不可能再有比现在更差的生活状态，如果你认为自己的命运应掌握在自己手中，就应该潇洒地离去。

婚姻是女人追求高质量生活的手段和形式，不要让它蚕食了女人的幸福，与其相濡以沫，还不如相忘于江湖。

第四十七位女性朋友
梁曼
离婚，你想好了吗

婚姻不是一场游戏，玩累了就散场了；也不是在嚼一块口香糖，嚼腻了就会吐出去。婚姻使女人和男人这原本两个完全陌生的生命体结合在了一起，组成一个家庭。去冶炼、凝聚它的是一份爱情与缘分的火焰。

即便一个女人再看得开，离婚对于女人来说，都是一种伤痛，因为没有一个女人当初结婚是为了今后离婚的，所以不到万不得已的地步，女人要慎重说出这个两字。

正所谓每一个女人都有各自的幸福，同时每个女人也有各自的不幸。女人要活出无悔的自己，就不要和身边的女人做比较，也许你只是看到了她幸福的一面，也许你只是忽视了你幸福的一面。

对于婚姻生活，在幸福的女人眼里，那是"港湾"，累了、倦了可以停泊在那里安详地歇息。在不幸的女人眼里，就会是"围城"，总是费尽心思，苦思冥想地要冲出围城，寻找解放。其实，女人应该懂得，不管是"港湾"里的婚姻，还是"围城"里的婚姻，这都取决于女人本身，如果一个女人能够在有风暴来临的时候，多一份理解和宽容，做到共同地努力和相互地体谅，而不是轻言离婚，当暴风雨后，自然会见到彩虹，收获那份幸福。

女人要活得幸福，首先要从自我做起。如果女人能够做到对婚姻精心地去呵护，用真诚去沟通，就会在平平淡淡的日子里一步一步地走过。即便有一天到了无可挽回的地步，那么女人也没有什么好后悔的了，因为自己没有给自己留下任何遗憾。

梁曼是一个喜欢碎碎念的女人,常常因为一些小事而和老公闹矛盾。结婚一年了,其实梁曼的婚姻还是幸福的,老公是一个不错的男人,并且有一份很好的工作,就是有一个嗜好——爱看电视,尤其是爱看体育节目。

在他看电视的时候,可以完全忽略周围的一切,甚至把梁曼当作空气,每天下班一到家,第一件事情就是打开电视机。

而梁曼觉得老公下班回家,不看自己,一头钻进了电视里,肯定有问题。梁曼属于心思过于细腻的人,常常在一件很小的事情上,她就能寻摸出一点不一样的味道。有时,梁曼也不知道自己是怎么了,因为在结婚之前,自己根本就不是这样的一个女人。

有一个周末，老公回来晚了，而且还带着一些酒气，隐隐约约中还夹杂着香水的味道。梁曼开始和老公闹，没想到这一次老公没有选择沉默，而是借着酒劲，和梁曼吵了起来。以前老公每次都很迁就她，但这一次不知为什么，大为恼火，对她说："你看咱家什么值钱，还有存款也都在你那里，你觉得合适，你就带走吧。"听到老公这样说，梁曼有些傻眼了，更加肯定老公在外面有"情况"，两人越吵越凶，最后差点打了起来，最后梁曼说："那好，我们明天就去离婚！"

老公听了梁曼真的提出了离婚，气得夺门而出，回父母家去了。

当老公走后，梁曼一边在床上流眼泪，一边在想。想着想着，自己不觉得有点害怕了，万一真的离婚了怎么办。梁曼想着自己以前并不这样的，以前的自己宽容大度，甚至还有点淑女风范，可是如今感觉自己像一个泼妇一般。

第二天，梁曼见老公到快十点的时候还没有回来，开始有点担心了，于是给他发了一条信息："外面太冷了，早点回家，不要冻坏了，我给你买了马甲，早点回来穿穿看合适不合适？老公，我错了！"

很快老公回来了，把她抱在怀中对她说："宝贝，我以后不会那样看体育节目而不理你了，但是你一定不能再说那样伤害我们感情的话了。不要跟我轻易地说出离婚的话，那是最伤害我对你爱的一句话。我要陪你一辈子，你怎么能轻易说出这样的话呢？这样会让我认为你已经不爱我了，你知道吗？"

这时，梁曼感到一股幸福的暖流流在了心间，并且决定改掉现在的坏毛病，变回到原来的自己，这样才能活出无悔的青春。

常言道:"不经历风雨,怎么见彩虹。"女人应该懂得,一切太过顺畅、太过完美,反而会让你觉得腻味无趣不值得珍惜。

随着女人年龄的增长和婚前婚后的心理变化,再加上生活的一些不如意,两人难免会出现一些磕磕碰碰的地方。作为女人,应该尽量绕过去,而不是选择去放大,即便是受到了一些委屈,挺一挺,咬咬牙,一切不如意,不顺心都会过去、都会明朗。

不要因为自己受到了打击,就愤恨地用语言去伤害对方,更不要轻易地说"分手、离婚"这些字。因为建立一个家庭不容易,需要双方都付出很多的努力和爱心,况且两个人的共同生活,所共有的一切太多太多,真的就能轻易分得掉吗?如果因为一时的冲动而下了决心,说不定会做出后悔一生的傻事,断送一生的幸福。

幸福密码

不管是哪一方有了错误,女人都要冷静地想一想,要设法去相互沟通、去寻找原因,而不是脱口大吼:"分手、离婚!"

婚姻的成败与质量,足以影响女人的一生。一份好姻缘,是一个女人幸福的风帆。所以,"离婚"这样的话,请女人不要轻易说出口!

第四十八位女性朋友
露西
生活要活出热情

有人说,生活的幸福程度取决于对生活的热情多少。一个对什么都不感兴趣,甚至心灰意冷,自然活得没有多少幸福可言;而一个处处对生活充满着热情的女人,全身都散发着一种炽热、神性的能量,能唤起内心深处神奇的力量。即便你现在还是一个什么都没有的女人,只要对自己的人生充满热情,那么就会有无穷的动力指引你向前,去得到你想要的幸福。

热情能产生这样一种神奇的力量,只要女人拥有它,就能产生发自内心的兴奋,并扩充到整个身体,从一定程度上来说,热情控制着你的思维和情感。女人要想幸福,就必须拥有热情。如果没有了热情,就会伤及灵魂。

一个热情的女人会很自然地把她内心的情感表现出来,一个充满热情的女人,她的志向、兴趣、为人和性情都能从她的走姿、眼神和活力中看出来。在与人交往中,会自然地把谈论的中心转移到她们最感兴趣的事情上,与此同时、把热情传递给她身边的人,让你觉得和她们在一起,是一件很快乐的事情。

露西在快要毕业的时候参加了一个图书展览会。对于图书她向来怀有极大的热情,也正是这个原因,她一直都想转换行业,欲在出版行业找一份自己喜欢的工作。

可是因为缺少这方面的工作经验,几次面试都没有成功,"我们需要熟悉编辑和印刷流程的员工,你现在还不太符合我们的条件,以后有机会我们再合作吧……"她得到的总是诸如此类的回答。

是的,她的确没有什么经验,只是出于一种爱好。她怀着极大的兴趣,倾听那些富有经验的书籍制作者介绍封面的工艺和选题的创意。一位年近五十岁的出版人正在和前来订书的批发商侃侃而谈。她的脸上洋溢着激动和热情的光彩,讲述起那些书的制作过程,就像一个慈祥而伟大的母亲谈论自己骄傲的孩子。

露西在心中惊叹:"我从来没有见过这么热情的人,而且是一个五十多岁的老人!"

露西无法挤到那些批发商人的前面,只好在一旁专注地跪着脚倾听。书商们陆陆续续地走了。

"你好,请问你是?"突然,老人对露西说,"我注意到了,你一直都在旁边听!"

"是的。我从来没有见过像您这么热情的人!您讲得太精彩了!"露西欣喜地说。

"看得出来你也很热情,而且你身上有一股闯劲。"

当老人了解到露西的基本情况后,她热情地说:"我需要的就是你这样的人!到我的公司来做事吧。"

"可是我没有经验。"

"有热情一切都会有!"

露西就这样在无意中找到了一份工作。后来,她对待工作充满了热情,做得很好,并且在这份工作中找到了属于自己的那份想要的幸福感。

女人要想比男人更强,就必须要时刻充满热情,热情会带来更多的机遇、热情能够让别人感受到你充满阳光和能量。一旦女人失去热情,就像一朵鲜花没有了水分,瞬间就会枯萎,失去光芒和灵魂。

热情的女人更容易让别人接纳,给人一种亲近感,没有拒人千里之外的感受,可以直接把你的热情输送给别人,深深地根植于他人的内心,是一种由你的眼睛、面孔、灵魂以及你的整体辐射出来的兴奋,你的精神将因此振奋,而这振奋也会鼓舞别人,让别人感受到你所散发出来的幸福。

幸福密码

热情的女人内心是温暖的,在她的眼里生活处处充满着希望,这样的女人即便是一件很小的令人兴奋的事,都会让她感到是莫大的幸福。

热情并非与生俱来,而是后天的特质,当一个女人在别人身上付出的热情越多,那么从别人身上获得的幸福也就越多。

第四十九位女性朋友
邹婉儿
让不幸赋予你动力

当幸福没来临,不幸降临时,女人该如何活出自己呢?面对自己的不幸,是屈服于命运,还是自卑于命运,并企图依此博得别人的同情,如果是这样,女人是永远也得不到幸福的,只能躺在自己的不幸上哀鸣,永远也不能站起来、得到自己想要的幸福。

要知道,暂时的不幸,并不意味着失去一切的幸福,女人需要靠自己的奋斗,来消除缺憾的阴影,重新去赢得无悔的人生,并获得自己想要的幸福。

邹婉儿如今是一位很成功的女企业家,过着幸福的生活。

而这一切,都是她从一个小小的职员做起的,经过多年的奋斗,才拥有了现在的公司和财富。

一天,邹婉儿从自己的办公室出来,刚走到街上,就听见身后传来"嗒嗒"的声音。邹婉儿听出那是盲人用竹竿击打地面的声音。她慢慢转过身,盲人也听到前面的声音,急忙上前说:"尊敬的女士,您一定发现我是一个可怜的盲人,能不能占用您一点点时间呢?"

邹婉儿说:"我急着去见一位重要的客户,你有什么事就快说吧!"

盲人在一个小包里摸索了很长时间,才拿出一个打火机,放到邹婉儿的手里,说:"女士,这个打火机质量非常好,只卖一美元啊!您能否买一个呢?"

邹婉儿听后,叹了口气,然后从口袋里掏出一张钞票递给盲人,"虽然我并不抽烟,但我愿意帮你。这个打火机,也许我可以送给门卫"。

盲人用手摸了一下那张钞票,竟然是100美元。她用颤抖的手反复摸着那100美元,连连激动地说:"您是我见过的最仁慈的富人啊!我会祈求上帝保佑您的。"

邹婉儿笑了笑,正准备离开,盲人却拉住她说:"您不知道,我并不是一生下来就瞎的,都是20年前那次事故,真是太可怕了!"

邹婉儿女士一惊,问:"你是在那次化工厂爆炸中失明的吗?"

盲人好像遇见了知音,高兴得连连点头:"是啊,是啊,您也知道?这也难怪,那次炸伤了好几百人，光炸死的就有90多人呢！"

　　盲人想用自己的遭遇打动对方，以便得到更多的钱，于是非常可怜地说了下去："我真是可怜啊！被炸瞎后只能到处流浪，吃了上顿没下顿，即使死了连个知道的人都没有。您或许还不知道当时的情况，火一下子就冒了出来，就好像是从地狱中冒出来的一样。逃命的人们都挤在一起，我好不容易挤到了门口，可一个大个子在我身后大喊：'让我先出去，我还年轻，我不想死啊！'她把我给推倒了，从我身上跑了过去。我当时什么也不知道了。等我醒来的时候，就成了瞎子，命运真是不公平啊！"

　　邹婉儿女士冷冷地说："事实恐怕不是你所说的这样吧，你好像说反了。"

　　盲人非常吃惊，只是用空洞的眼睛呆呆地对着邹婉儿女士。

　　邹婉儿女士一字一顿地说："我当时就在化工厂工作，如果我没记错的话，是你从我的身上踩过去的，你长得比我高大，我永远都忘不了你当时说的那句话。"

　　盲人呆了，站了很长时间后突然一把抓住邹婉儿女士，爆发出一阵阵大笑："这就是命运啊！不公平的命运啊！你在里面，可你现在却出人头地了；可我出去了，现在却成了一个没用的瞎子。"

　　邹婉儿女士用力推开盲人的手，举起了手中那条极为精致的棕榈手杖，平静地说："你可能还不知道，我也成了瞎子。不同的是，你沉浸在了不幸之中，所以你一直都活在不幸中，而我则把不幸化作了动力，所以才有了今天不一样的幸福。"

可见，如何才能度过完美的一生，获得幸福，在于女人如何面对生活中的不幸。同样遭遇不幸或失败，有的女人能出人头地，而有的女人却只能以乞讨混日子，这绝非命运的安排，而在于女人奋斗与否。

所以，作为一个新时代的女人，当你遇到任何不公平，无论它是先天的缺陷还是后天的挫折，都不要怜惜自己，更不要自暴自弃，而是要把逆境变为动力，向着幸福的方向勇敢迈进。

幸福密码

把不幸变成幸福，是女人应该具有的一种能力，当女人不断地培养出这种能力后，即便是遇到再大的困境，女人也不会感到彷徨了。

不幸只不过是人生道路上的一个个小精灵，女人应该善待这些小精灵，让它们为自己的人生添彩。